工业和信息化精品系列教材

山东省职业教育精品资源共享课程配套教材

Java程序设计案例教程

微课版

胡运玲 王海燕◉主编

王建 任石◉副主编

王茹香◉主审

CASE TUTORIAL OF JAVA PROGRAMMING

人民邮电出版社

北京

图书在版编目（CIP）数据

Java程序设计案例教程 ：微课版 / 胡运玲，王海燕主编. -- 北京 ：人民邮电出版社，2022.1
工业和信息化精品系列教材
ISBN 978-7-115-56978-3

Ⅰ. ①J… Ⅱ. ①胡… ②王… Ⅲ. ①JAVA语言一程序设计一高等学校一教材 Ⅳ. ①TP312.8

中国版本图书馆CIP数据核字(2021)第144801号

内 容 提 要

本书采用案例驱动的编写模式，由浅入深、循序渐进地将 Java 程序设计的理论知识和关键技术融入各个案例中，符合学习者的认知规律。本书是编写团队综合了多年的 Java 教学经验，走访企业并调研岗位需求，参考 1+X 证书评价考核的标准而编写的，实用性强。

本书包含的主要知识点和技能点有 Java 简介及开发环境的搭建、Java 基本语法、流程控制和数组、面向对象程序设计、Java 的常用 API 和集合框架等。最后一章为实战开发案例——学生成绩管理系统。

本书可作为高职高专院校或应用型本科计算机相关专业 Java 程序设计课程的教材或教学参考书，也可作为广大计算机从业者和爱好者的学习参考用书。学习完本书内容，读者既可以继续学习软件开发相关的 Java Web 和框架技术，也可以学习大数据、云计算相关的开发及运维技术。

◆ 主　　编　胡运玲　王海燕
副 主 编　王　建　任　石
主　　审　王茹香
责任编辑　马小霞
责任印制　王　郁　彭志环

◆ 人民邮电出版社出版发行　　北京市丰台区成寿寺路 11 号
邮编　100164　　电子邮件　315@ptpress.com.cn
网址　https://www.ptpress.com.cn
保定市中画美凯印刷有限公司印刷

◆ 开本：787×1092　1/16
印张：13.75　　2022 年 1 月第 1 版
字数：348 千字　　2024 年 12 月河北第 10 次印刷

定价：49.80 元

读者服务热线：(010)81055256　印装质量热线：(010)81055316
反盗版热线：(010)81055315
广告经营许可证：京东市监广登字 20170147 号

前言 PREFACE

Java 作为面向对象编程语言的代表，不仅吸收了 C++语言的各种优点，还摒弃了 C++语言里令人难以理解的多继承、指针等概念，极好地实践了面向对象理论，允许程序员以优雅的思维方式进行复杂的编程。

Java 语言已逐步发展为企业的 Web 开发标准语言，并成为大数据、云计算技术的主要支持编程语言之一。根据 TIOBE 编程语言排行榜显示，Java 在近几年稳居该排行榜前列。Java 已被绝大部分院校的软件技术、计算机应用技术、大数据技术、云计算技术等专业作为编程入门教学语言，也被很多程序爱好者当作入门的首选语言。

为深入贯彻党的二十大精神，实施科教兴国战略，全面落实立德树人的根本任务，编写团队以习近平新时代中国特色社会主义思想为指导，在教材及配套资源的开发中融入社会主义核心价值观、中华优秀传统文化、程序员职业素养、大国工匠精神、创新思维等思政育人要点。将价值塑造、知识传授和能力培养三者融为一体，为实现科技自立自强贡献力量。

本书的编写团队具备多年的 Java 教学经验，以山东省职业教育精品资源共享课程、省级名师工作室为依托，走访了软件开发、大数据、云计算的相关企业，进行了 Java 技术的岗位需求调研，结合企业开发需求设计了本书的知识框架。另外，在教育部发布的“学历证书+若干职业技能等级证书”（简称 1+X 证书）制度中明确了作为大数据应用开发人员需要具备的 Java 知识。因此，本书是编写团队综合了教学经验、企业调研结果和 1+X 证书评价考核的标准而编写的。

本书采用案例驱动的编写模式，循序渐进地介绍 Java 语言程序设计的有关概念和编程技巧。全书共 9 个模块，前 4 个模块为 Java 语言的基础知识，主要包括 Java 简介及开发环境的搭建、Java 基本语法、流程控制和数组。模块 5～6 详细地介绍 Java 面向对象的特点。模块 7～8 介绍 Java 的常用 API 和集合框架。模块 9 为综合案例——学生成绩管理系统，介绍如何对本书的知识进行系统的应用。

为了便于教学，本书配有微课视频、教学课件、例题源码等资料，所有例题源码都在 Java SE 8.0 环境下编译通过并成功运行。读者可从人邮教育社区网站（www.ryjiaoyu.com）下载。

本书由山东信息职业技术学院的胡运玲、王海燕任主编，王建、任石任副主编，王茹香任主审。参加编写工作的还有王晓辰、王思艳、韩凤文、陈汝龙。感谢山东师创软件工程有限公司、北京青苔数据科技有限公司提供的项目案例和技术支持。

鉴于编者的水平有限，书中难免有不足之处，敬请广大读者批评指正。

编　者

2023 年 3 月

目录 CONTENTS

模块 9
综合案例——学生成绩管理系统 203

模块1 初识Java

01

学习目标（含素养要点）：

- 了解 Java 语言的相关知识（家国情怀）。
- 掌握 Java 开发环境的搭建（传统文化）。
- 掌握 Eclipse 开发工具的安装与使用。
- 掌握 Java 程序的编写和运行（职业素养）。

Java 是一种面向对象的编程语言，以其严谨的结构、简洁的语法和强大的功能，备受计算机软件开发人员的喜爱。Java 语言作为面向对象编程语言的代表，极好地实践了面向对象理论，允许程序员以优雅的思维方式进行复杂的编程，在软件开发、计算机网络、移动通信、游戏设计和大数据等领域都有广泛的应用。

本模块将针对 Java 语言的相关知识、Java 开发环境的搭建、Java 程序的编写和运行以及 Eclipse 开发工具的安装与使用等内容进行介绍。

1.1 Java 语言的发展

计算机系统由硬件和软件两部分组成，硬件部分是一些物理组件的集合，软件部分是一些数据和指令的集合。计算机硬件的性能特点几乎都是通过计算机软件体现出来的。计算机软件由程序、数据和文档 3 部分组成。其中，程序是软件的核心。在我们编写程序之前，首先需要选择一种计算机语言。

微课 1-1

Java 语言的发展史

1.1.1 计算机语言的发展史

计算机语言（computer language）是用于人与计算机通信的语言，它主要由一些指令组成，这些指令包括数字、符号和语法等内容。程序员可以通过这些指令来指挥计算机进行各种工作。计算机语言的主要功能是实现人与计算机的交互。

计算机语言的发展，也是伴随着计算机硬件和软件的发展进行的。到目前为止，计算机语言的发展经历了 3 个阶段，即机器语言、汇编语言和高级语言，这也是计算机语言常见的 3 种分类。

1. 机器语言

机器语言是使用二进制代码表示指令的语言，它是计算机硬件系统可以直接识别，并且能够真正理解和执行的唯一语言。

机器语言的优点是不需要编译，运行效率高、速度快；缺点是难读、难懂、难记，不利于开发人员使用。

机器语言也称为低级语言或者第一代语言。

2. 汇编语言

汇编语言是一种面向微处理器、微控制器等编程器件的计算机语言，它使用一些简单的字母和单词表示指令。机器不同，汇编语言指令对应的机器语言指令集也不同。

汇编语言的优点是机器相关性强，运行效率较高；缺点是可读性差，移植性差，应用范围较窄。

汇编语言也称为中级语言或者第二代语言。

3. 高级语言

高级语言比较接近于人类的自然语言，它与机器情况无关，拥有自身特定的符号和语法规范。程序员通过这些符号和语法规范来描述算法，编写程序，指挥计算机硬件工作。

高级语言数量繁多，可以分为以 C 语言为代表的面向过程的语言和以 Java 语言为代表的面向对象的语言。

高级语言的优点是可读性强，易于学习，语法规范严谨，算法描述完整，功能较强；缺点是程序需要编译，执行速度相对较慢。

1.1.2 Java 语言的发展史

Java 语言是由 Sun 公司推出的一种面向对象的程序设计语言。20 世纪 90 年代，电子产品发展迅速，提高电子产品的智能化水平成为各个公司关注的焦点。为了抢占市场先机，Sun 公司成立了以詹姆斯 · 高斯林（James Gosling）为首的名为格林（Green）的项目小组，致力于研发家电产品上的嵌入式应用新技术，最终于 1991 年开发了一种称为 Oak 的面向对象语言，在 1995 年将该语言更名为 Java。1996 年 1 月，Sun 公司发布了 Java 1.0，它包含两个部分，Java 运行环境（Java Runtime Environment，JRE）和 Java 开发工具包（Java Development Kit，JDK）。

1998 年 12 月，Sun 公司发布了 Java 发展史上一个重要的 JDK 版本——JDK 1.2，并开始使用“Java 2”这一名称。

2009 年，Sun 公司被 Oracle（甲骨文）公司收购，但是 Java 语言及相关平台工具仍然作为其主要产品被不断完善和推广。2017 年 9 月，Oracle 公司发布了 JDK 1.9，并同时宣布以后将 JDK 的更新频率改为每半年发布一个新版本。

1.1.3 Java 语言的主要特点

Java 语言包括以下主要特点，读者可以在以后的学习中加以体会。

微课 1-2

Java 语言的特点和体系分类

1. 简单易学

Java 语言是一种相对简单的编程语言，是在 C 和 C++语言的基础上创建的。它借鉴了 C 和 C++语言的很多内容，但是将 C 和 C++语言中难以理解、容易混淆和容易产生二义性的内容（包括多继承、指针等）去掉了。这样使 Java 语言更加简洁，方便开发人员学习、掌握。

2. 解释型

Java 语言是一种解释执行类型的编程语言。Java 源程序编译之后不会生成可直接执行的机器语言指令，而是生成一种字节码（byte-code）文件，然后由 Java 虚拟机（Java Virtual Machine，JVM）解释执行。

相对于编译型语言，作为解释型语言的 Java 运行速度慢，但是它可以在任何搭载了 Java 解释程序和运行系统（run-time system）的系统上运行，从而实现跨平台运行。

3. 面向对象

与以 C 语言为代表的面向过程编程语言不同，Java 是一种面向对象的编程语言。面向对象既是一种思想，也是一种模式，它还是软件行业的一次“技术革命”，大大提升了程序员的开发能力。

在面向对象的系统中，以对象为中心，以消息为驱动。面向对象使得 Java 能够自动处理对象的引用，用户不必纠结于存储管理问题，可以把更多的时间和精力用在研发上，提高开发效率和质量。

4. 平台无关性

Java 语言编写的程序既可以在 Windows 操作系统上运行，也可以在 Linux 等操作系统上运行。这是因为 Java 程序经过编译后生成的字节码文件是运行在 Java 虚拟机上的，我们只需要针对不同的操作系统安装对应的虚拟机即可。

5. 安全稳健

Java 摒弃了指针的概念，这样就可以杜绝内存的非法访问。Java 的异常处理机制可以使编写的程序更加健壮。另外，Java 的垃圾回收机制可以在空闲时间不定时地动态回收无任何引用的对象所占据的内存空间。这些措施使 Java 语言成为目前世界上最安全、稳健的程序设计语言之一。

6. 多线程

线程包含在进程之中，是操作系统能够进行运算和调度的最小单位。Java 提供了 Thread 类和 Runnable 接口，拥有多线程处理能力，可以在同一时间处理不同的任务，增强了交互性和实时性。

1.1.4 Java 体系分类

严格意义上讲，Java 不仅指一种语言，还包括完整的开发 Java 程序的平台环境。该环境提供了开发与运行 Java 软件的编译器等开发工具、软件库及 Java 虚拟机等。Java 平台有 3 个版本，分别是适用于桌面系统的标准版（Java SE）、适用于创建服务器应用程序和服务的企业版（Java EE），以及适用于小型设备和智能卡的微型版（Java ME）。针对不同的市场和服务，软件开发人员、服务提供商和设备生产商可以做不同的选择。

1. 标准版

Java 标准版（Java Standard Edition，Java SE）是 Java 平台标准版的简称，它是 3 个平台的核心和基础，可以用来开发和部署桌面、服务器以及嵌入式设备和实时环境中的 Java 应用程序。Java SE 主要包括 JDK、JRE，以及支持 Java 的核心类库，如 UI、集合、异常、线程、I/O、数据库编程、网络编程等。

2. 企业版

Java 企业版（Java Enterprise Edition，Java EE）是为了解决企业级应用程序的开发、部署和管理等复杂问题而设置的。Java EE 在保留了 Java SE 特性的同时，还提供了对其他技术的支持，包括企业级 JavaBean（Enterprise JavaBean，EJB）、Servlet、Java 服务器页面（Java Server Pages，JSP）和可扩展标记语言（Extensible Markup Language，XML）等。

3. 微型版

Java 微型版（Java Micro Edition，Java ME）是为机顶盒、移动电话和个人数字助理（Personal Digital Assistant，PDA）之类的嵌入式消费电子设备提供的 Java 语言平台，包括虚拟机和一系列标准化的 Java API。所有的嵌入式装置大体上区分为两种：一种是运算能力有限、电力供应也有限的嵌入式装置（如 PDA、手机）；另外一种则是运算能力相对较强，并且在电力供应上相对充足的嵌入式装置（如冷风机、电冰箱、机顶盒）。Java ME 有自己的类库，还包括用户界面、安全模型、内置的网络协议以及可以动态下载的联网和离线应用程序。

借用 Java 语言可以编写安卓（Android）手机上的应用程序（Application，App）；可以实现大型网站的后端开发，如电商交易平台的后端开发；可以开发企业级的大型应用，如大型企业管理系统等。另外，Java 技术在通信、金融等领域应用广泛。不仅如此，Java 在大数据开发方面也有很大的优势，目前流行的很多大数据框架是用 Java 语言编写的。Java 还是开发人工智能应用程序的绝佳语言。

九层之台，始于垒土。无论做什么事情，夯实基础至关重要，没有扎实的基础知识作为储备，就难以在所在领域进行深入研究。通过本书的学习，读者可以掌握 Java 相关技术，提高编程技能，为进一步发展打好基础。

1.2 Java 开发环境的搭建

JDK 是 Java 开发工具包，它包含了 Java 的编译和运行工具、Java 文档生成工具、Java 文件打包工具等。1995 年，Sun 公司发布了 JDK 1.0，之后又陆续推出了各种升级版本，包括 JDK 1.1、JDK 1.2 等。目前，JDK 1.6/Java 6.0、JDK 1.7/Java 7.0、JDK 1.8/Java 8.0 的应用都比较广泛。

JRE 是 Java 运行环境，负责运行 Java 程序。JRE 只包含 Java 运行工具，不包含 Java 编译工具。需要特别提到的是，JDK 中自带了 JRE 工具。因此，我们只安装 JDK 即可，不需要单独安装 JRE，这样可以简化开发环境搭建步骤，方便使用。

1.2.1 JDK 的下载与安装

读者可以从 Oracle 官方网站下载 JDK 安装文件，根据自己计算机的操作系统版本选取 JDK 版本。各种版本的 JDK 的安装和配置步骤都是相似的，下面以 64 位 Windows 10 操作系统和 JDK 1.8 为例，演示 JDK 的下载与安装步骤。

1. 下载 JDK

下载适合自己计算机操作系统的 JDK 安装文件，本案例选取的是 JDK 1.8，安装文件为“jdk-8u40-windows-x64.exe”。双击安装文件，进入 JDK 安装界面，如图 1-1 所示。

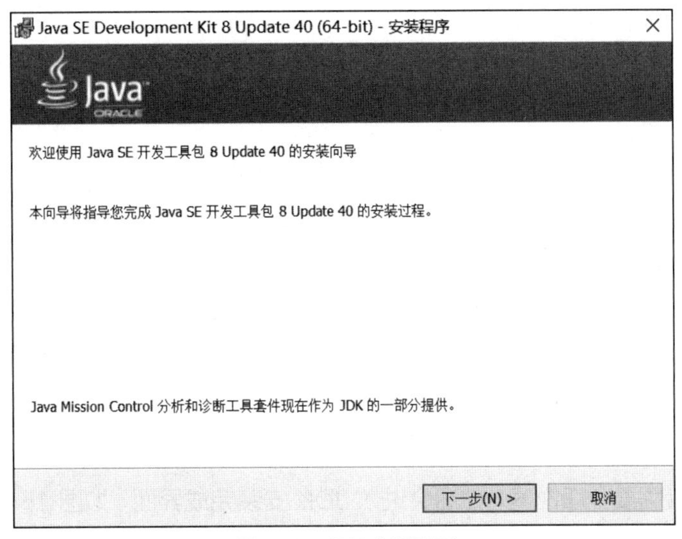

图 1-1　JDK 安装界面

2. JDK 的安装

JDK 的安装过程很简单，如果使用默认安装路径，只需要单击每个界面的【下一步】按钮即可。

（1）单击【下一步】按钮，进入 JDK 定制安装界面，如图 1-2 所示。

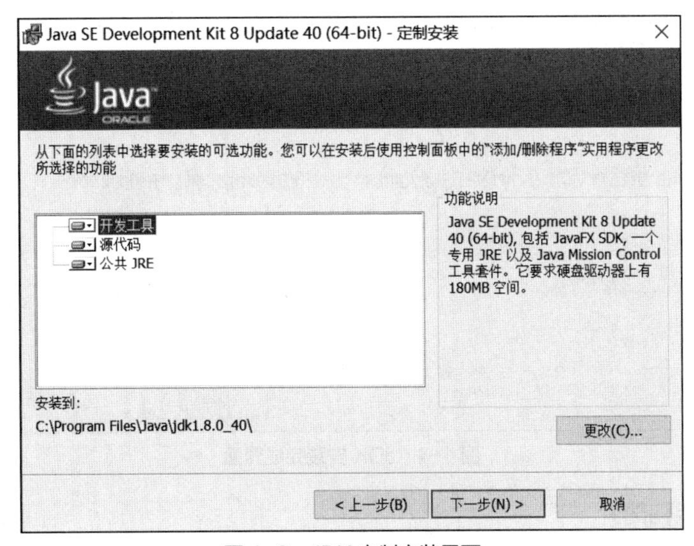

图 1-2　JDK 定制安装界面

JDK 定制安装界面左侧有 3 个功能模块，单击其中某个模块，会有相应的功能说明，开发人员可以根据自己的需求选择安装的模块，一般不做修改，默认即可。

（2）单击【下一步】按钮，进入 JDK 安装进度界面，如图 1-3 所示。

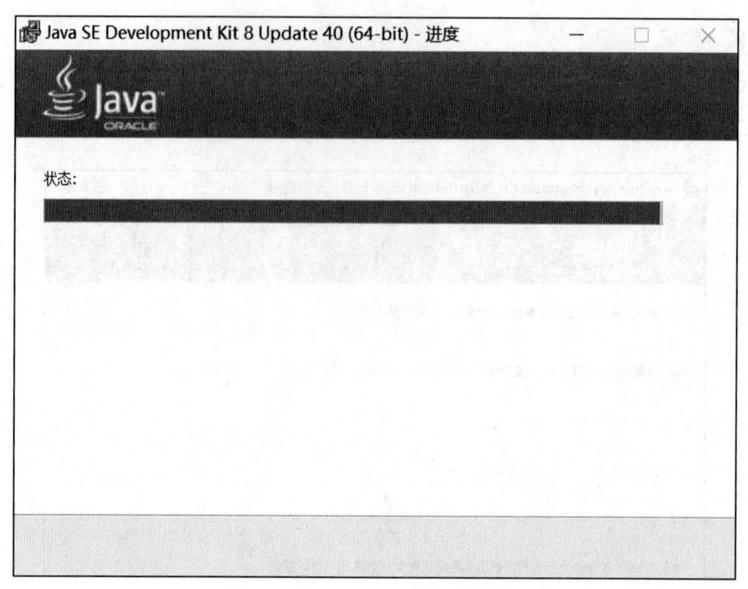

图 1-3　JDK 安装进度界面

（3）JDK 的安装需要一段时间，然后会进入 JDK 安装完成界面，如图 1-4 所示，单击【关闭】按钮即可完成 JDK 的安装。

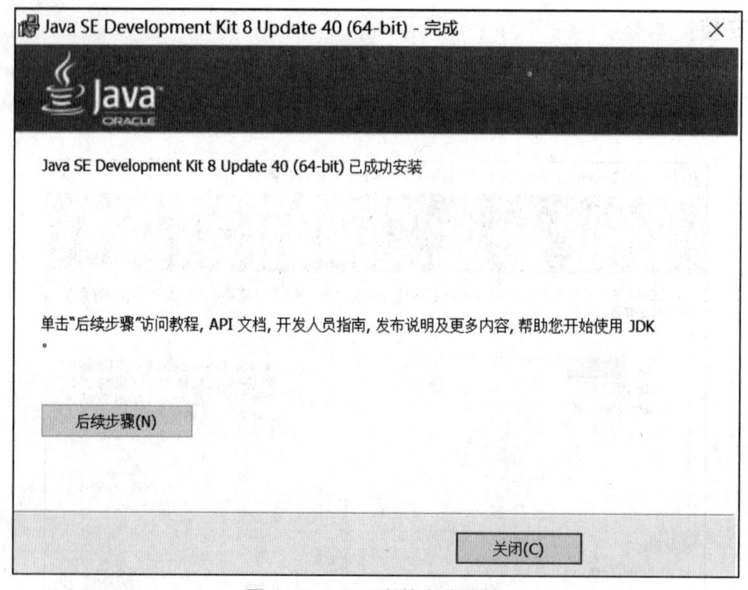

图 1-4　JDK 安装完成界面

3. JDK 安装架构简介

JDK 安装完成之后，打开安装路径，会看到安装好的 jdk 和 jre 文件夹。如果选择默认安装路径，打开 C:\Program Files\Java，即可看到这两个文件夹，文件夹名称中具体的版本数字与所下载的 JDK 版本对应。图 1-5 和图 1-6 所示为安装好的 jdk 和 jre 文件夹的内容。

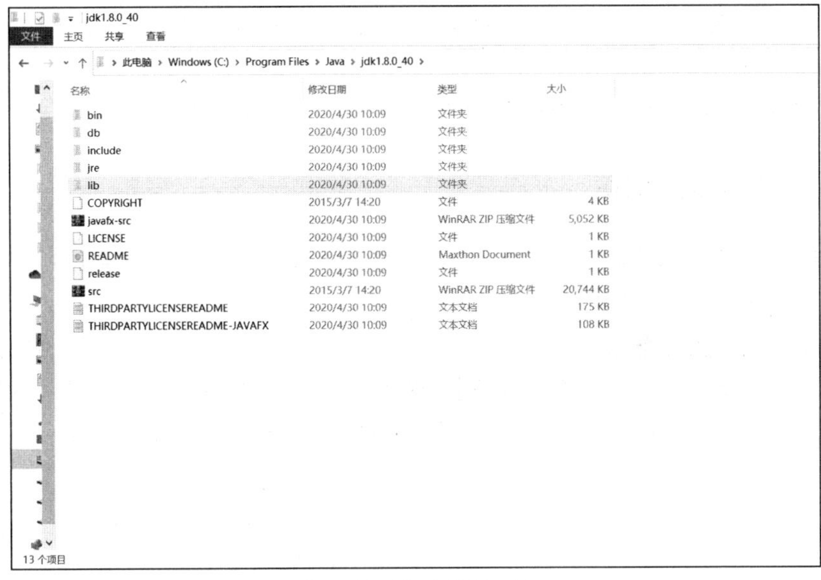

图 1-5 jdk 文件夹内容

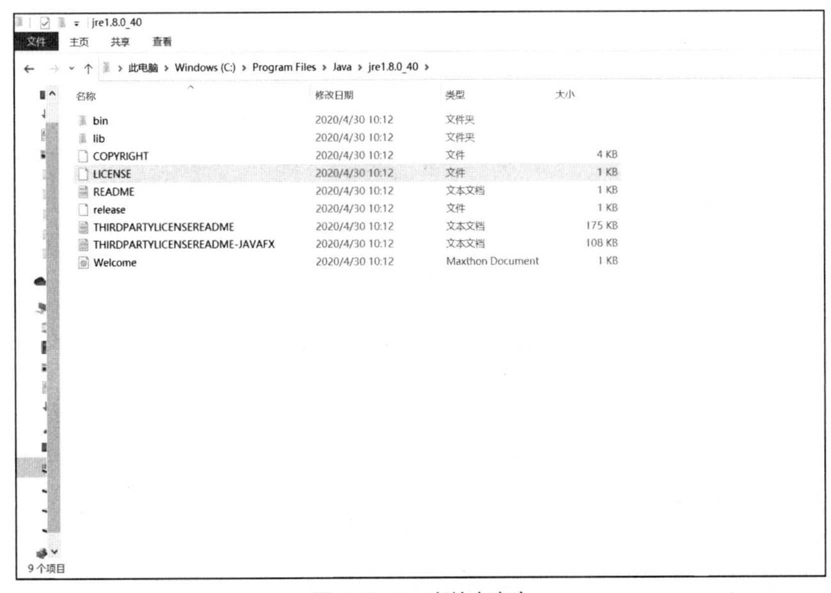

图 1-6 jre 文件夹内容

Java 开发环境的核心工具包是 JDK，下面对 jdk 文件夹内容进行简要介绍。

（1）bin 文件夹：存放一些可执行程序，分别实现不同的功能，包括 javac.exe（Java 编译程序）、java.exe（Java 运行程序）和 javadoc.exe（Java 文档生成程序）等。

（2）db 文件夹：db 即 database 的缩写，该文件夹是一个存放 Java 数据库管理系统的文件夹。在学习 Java 数据库互连（Java Database Connectivity，JDBC）相关知识的时候，不需要单独安装数据库管理系统，直接使用数据库系统即可。

（3）include 文件夹：包含了 C 语言的一些头文件，因为 JDK 是通过 C 和 C++语言实现的，因此启动时需要引入这些头文件。

（4）jre 文件夹：即 Java 运行环境的根目录，包括 Java 虚拟机以及 Java 程序运行时的各种类库等。

（5）lib 文件夹：lib 即 library 的缩写，该文件夹是 Java 类库文件夹。

1.2.2 环境变量的配置

JDK 安装结束之后，需要手动对 Path 和 CLASSPATH 两个系统环境变量进行配置，方便后期 Java 程序开发。

微课 1-4
环境变量配置

1. Path 系统环境变量配置

（1）用鼠标右键单击桌面上的【此电脑】，然后依次单击【属性】→【高级系统设置】→【环境变量】按钮，在弹出的“环境变量”对话框中选中【Path】系统环境变量，如图 1-7 所示。

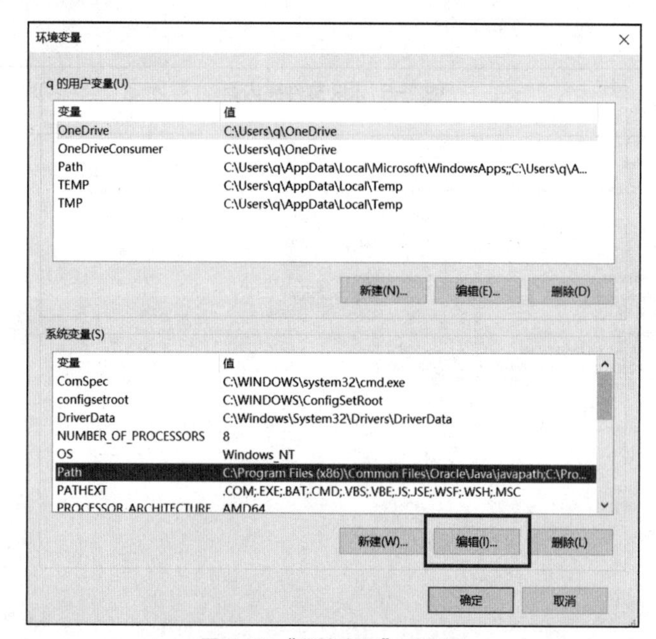

图 1-7 “环境变量”对话框

（2）单击【编辑】按钮，进入“编辑环境变量”对话框，单击【新建】按钮，在下方添加前面 JDK 安装的 bin 文件夹路径 C:\Program Files\Java\jdk1.8.0_40\bin，如图 1-8 所示，然后单击【确定】按钮。

注意 Path 是一个系统环境变量，主要用来保存若干路径。当我们在“命令提示符”窗口中运行某个可执行文件时，系统首先会在当前目录查找该文件；如果存在即可执行，如果不存在，则会在 Path 系统环境变量中已定义的路径下继续寻找；如果找到即可执行，如果还没有找到，则会报错。我们在 Path 系统环境变量中添加 Java 的 bin 文件夹信息，就是为了后期可以在“命令提示符”窗口中使用 Java 命令。

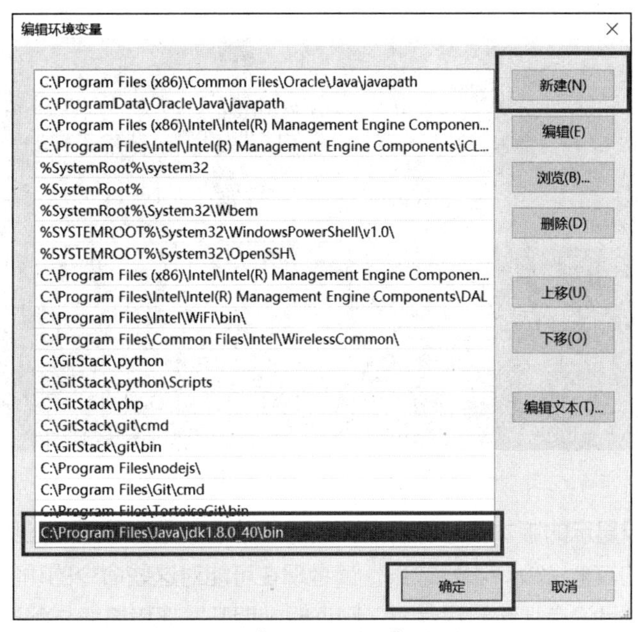

图 1-8 “编辑环境变量”对话框

2. CLASSPATH 系统环境变量配置

在图 1-7 所示的“环境变量”对话框中查看是否有 CLASSPATH 变量。如果没有，则需要新建；如果有，则配置步骤与 Path 系统环境变量的配置步骤相同。新建 CLASSPATH 系统环境变量的方法为：在“环境变量”对话框中单击【新建】按钮，弹出对应的“新建系统变量”对话框，在“变量名”处填写 CLASSPATH，在“变量值”处填写“.;C:\Program Files\Java\jdk1.8.0_40\lib\tools.jar; C:\Program Files\Java\jdk1.8.0_40\lib\ dt.jar”，然后单击【确定】按钮完成配置，如图 1-9 所示。

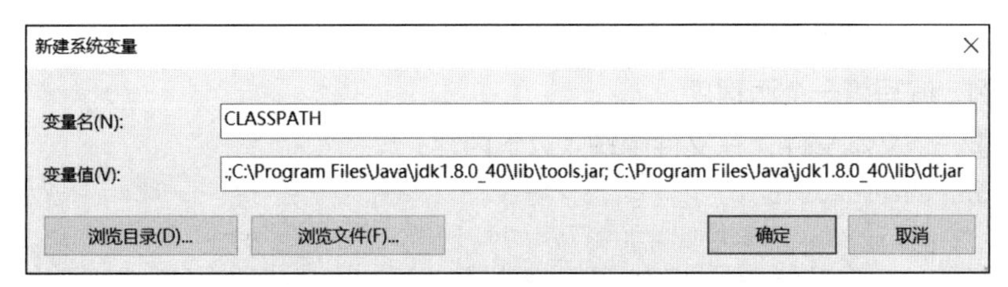

图 1-9 CLASSPATH 系统环境变量新建界面

注意 从 JDK 1.5 开始，开发人员不用手动配置 CLASSPATH 变量，Java 虚拟机会自动将其目录配置为“.”，也就是当前目录。

1.2.3 安装环境的测试

打开“命令提示符”窗口，在窗口中输入命令“java -version”，按【Enter】键，会显示当前安装的 JDK 版本信息，如图 1-10 所示。

```
命令提示符
Microsoft Windows [版本 10.0.18363.778]
(c) 2019 Microsoft Corporation。保留所有权利。

C:\Users\q>java -version
java version "1.8.0_40"
Java(TM) SE Runtime Environment (build 1.8.0_40-b26)
Java HotSpot(TM) 64-Bit Server VM (build 25.40-b25, mixed mode)

C:\Users\q>
```

图 1-10 “命令提示符”窗口

读者可以自行比较显示的版本信息与前期安装的版本信息是否一致。如果没有问题，也可以尝试执行 bin 文件夹下的其他命令，看看效果。读者现在可能对这些命令的功能还不是很了解，但是只要能够执行命令，并且没有提示错误信息，则证明前期开发环境搭建与配置工作已经顺利完成。

1.3 编写第一个 Java 程序

在 Java 开发环境搭建并配置好之后，我们可以编写一个简单的 Java 程序，以此明确 Java 源程序的编写、编译和解释执行流程。

微课 1-5

编写第一个 Java 语言程序

1.3.1 Java 源程序的编写

由于 JDK 没有提供 Java 编辑器，因此读者可使用记事本、Notepad++、UltraEdit 等编辑器或开发工具进行源程序的编辑。下面以 Windows 操作系统自带的记事本为例，编写第一个源程序。

首先，新建一个文本文件，在文件中输入以下内容：

```
public class HelloWorld {
    public static void main(String[] args){
        System.out.println("Hello,World!!!");
    }
}
```

然后将该文件另存为 HelloWorld.java（注意，扩展名“.java”中的字母全部为小写字母）。

注意 上述程序的标点符号全部为半角状态，单词字母的大小写按照程序书写，在后面的学习过程中，本书将会对其中的关键字和书写规范进行详细的介绍。

1.3.2 Java 程序的编译

打开“命令提示符”窗口，切换到 HelloWorld.java 文件所在的目录，如图 1-11 所示。

```
命令提示符
Microsoft Windows [版本 10.0.18363.778]
(c) 2019 Microsoft Corporation。保留所有权利。

C:\Users\q>e:

E:\>cd JavaProgram

E:\JavaProgram>dir
 驱动器 E 中的卷没有标签。
 卷的序列号是 C14D-581B

 E:\JavaProgram 的目录

2020/05/02  12:19    <DIR>          .
2020/05/02  12:19    <DIR>          ..
2019/08/10  16:06    <DIR>          .metadata
2020/05/02  11:46               120 HelloWorld.java
2020/05/02  11:41                 0 HelloWorld.txt
               2 个文件            120 字节
               3 个目录 287,775,371,264 可用字节

E:\JavaProgram>
```

图 1-11　在命令行提示符下切换当前目录到 HelloWorld.java 所在的目录

输入“javac HelloWorld.java”命令，按【Enter】键，如图 1-12 所示。

```
命令提示符
Microsoft Windows [版本 10.0.18363.778]
(c) 2019 Microsoft Corporation。保留所有权利。

C:\Users\q>e:

E:\>cd JavaProgram

E:\JavaProgram>dir
 驱动器 E 中的卷没有标签。
 卷的序列号是 C14D-581B

 E:\JavaProgram 的目录

2020/05/02  12:19    <DIR>          .
2020/05/02  12:19    <DIR>          ..
2019/08/10  16:06    <DIR>          .metadata
2020/05/02  11:46               120 HelloWorld.java
2020/05/02  11:41                 0 HelloWorld.txt
               2 个文件            120 字节
               3 个目录 287,775,371,264 可用字节

E:\JavaProgram>javac HelloWorld.java

E:\JavaProgram>
```

图 1-12　执行编译命令界面

如果运行结果如图 1-12 所示，没有提示任何错误信息，那么读者可以来到保存 HelloWorld.java 的目录，查看生成的 HelloWorld.class 文件，如图 1-13 所示。

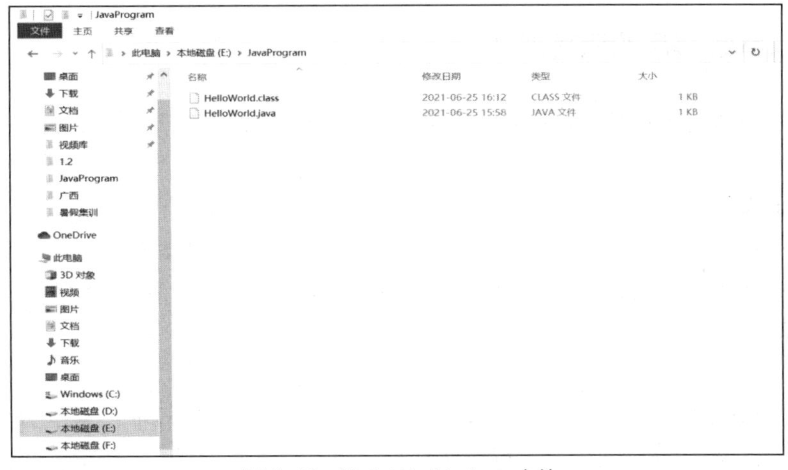

图 1-13　HelloWorld.class 文件

HelloWorld.class 就是 HelloWorld.java 编译之后的文件，即字节码文件，这两个文件的名字完全相同。

注意 如果编译过程提示错误信息，一般都是指代码输入错误，注意单词拼写和字母大小写的问题。

1.3.3 Java 程序的解释执行

编译成功之后，继续在“命令提示符”窗口中输入“java HelloWorld”，按【Enter】键，就可以看到执行结果，显示“Hello,World!!!”，如图 1-14 所示。

```
命令提示符
Microsoft Windows [版本 10.0.18363.778]
(c) 2019 Microsoft Corporation。保留所有权利。

C:\Users\q>e:

E:\>cd JavaProgram

E:\JavaProgram>dir
 驱动器 E 中的卷没有标签。
 卷的序列号是 C14D-581B

 E:\JavaProgram 的目录

2020/05/02  12:19    <DIR>          .
2020/05/02  12:19    <DIR>          ..
2019/08/10  16:06    <DIR>          .metadata
2020/05/02  11:46               120 HelloWorld.java
2020/05/02  11:41                 0 HelloWorld.txt
               2 个文件            120 字节
               3 个目录 287,775,371,264 可用字节

E:\JavaProgram>javac HelloWorld.java

E:\JavaProgram>java HelloWorld
Hello,World!!!

E:\JavaProgram>
```

图 1-14 执行结果

注意 执行编译命令“javac HelloWorld.java”的时候，文件名是需要带着扩展名“.java”的；运行命令“java HelloWorld”的时候，文件名是不需要带扩展名“.class”的。

1.3.4 Java 程序的编写规则

Java 程序在编写时要符合 Java 程序的语法规范和编写规则，本书在第 2 章中会详细介绍标识符等语法规范。

1. Java 源文件

Java 源文件以“.java”为扩展名，源文件的基本组成部分是类（class），如上面文件中的 HelloWorld。一个文件中可以包含多个类，但最多只能有一个用 public 修饰的类，文件名要与用 public 修饰的类名相同。

2. 方法

一个 Java 类中可以包含多个方法，其中 Java 程序的执行入口是 main( )方法，它有固定的格式。

```
public static void main(String[] args) {…}
```

3. Java 语法规范

Java 语言严格区分大小写，比如“String”与“string”是不同的。Java 语句以英文半角输入法下的分号“;”作为结束标志。

4. Java 注释

为了确保系统源程序的可读性，最大限度地提高团队开发的合作效率，同时为了增强系统的可维护性，Java 编程人员应编写简单、明了、含义准确的注释。

Java 的注释标记有以下 3 种。

（1）//表示单行注释。

（2）/*……*/表示多行注释。

（3）/**……*/表示文档注释，可注释若干行，并写入 java 文档注释。

5. 编程风格

为了增强程序的可读性和可维护性，一个优秀的 Java 程序员还应该遵循一定的编程风格。

（1）缩进：缩进应该是每行 4 个空格，通常按一次 Tab 键表示一次缩进。

（2）使用“{}”表示代码块：用“{}”括起来的代码，称为一个代码块。多个代码块之间可以嵌套。在嵌套时，同一层次中的代码，需要垂直对齐；内层的代码，需要和外层的代码有一定的缩进。

（3）空格：在对两个以上的关键字、变量、常量进行对等操作时，它们之间的操作符之前、之后或者前后均要加空格。

（4）一般的一行只写一条语句，不建议把多个短语句写在一行中。

微课 1-6

显示个人打卡信息

【案例 1-1】 显示个人打卡信息

很多工作单位目前都实行打卡考勤制度，来统计每个员工的上下班信息，试写程序显示员工的个人打卡信息。

【案例分析】

通过前面介绍过的 System.out.println()方法，将员工的个人打卡信息显示出来。

【程序实现】

```
public class InformationDisplay {
    public static void main(String[] args) {
        String id = "137";                    // 设置工号
        String name = "刘双莉";               // 设置姓名
        System.out.println("早上好！您已打卡成功！");
        System.out.println("工号："+id);
        System.out.println("姓名："+name);
    }
}
```

【运行结果】

```
早上好！您已打卡成功！
工号：137
姓名：刘双莉
```

1.4 Eclipse 的安装与使用

前文介绍了 Java 程序的编写、编译和解释执行过程，读者应该对 Java 程序的开发流程有了初步的认识。为了提高程序开发效率，程序员一般都会选择专业性更强的 Java 集成开发工具。接下来给读者介绍一款目前应用比较广泛的 Java 集成开发工具——Eclipse。

微课 1-7

Eclipse 的下载
安装及界面介绍

Eclipse 是由 IBM 公司开发的开源及跨平台的自由集成开发环境（Integrated Development Environment，IDE）。Eclipse 最初基于 Java 程序开发，后来通过安装不同的插件也可以支持其他语言（包括 C/C++、Python、PHP、Android 等）的开发。因此，Eclipse 可以满足拥有不同计算机编程语言背景的程序员的开发需求。

Eclipse 拥有强大的代码编辑能力，可以根据要求自动生成若干代码框架，提高编程效率；可以自动进行语法修正，向开发人员提供错误解决方案；还可以编译和运行程序。根据不同的需求，Eclipse 可以安装不同的插件。Eclipse 自身就附带了一个包括 JDK 在内的标准插件集，方便使用。当然，前面读者自行安装的 JDK 也可以在 Eclipse 里面进行设置和使用。

1.4.1 Eclipse 的下载与安装

Eclipse 针对不同的用户需求和操作系统，提供了种类丰富的版本，我们只需要选取适合的版本进行下载即可。目前的 Eclipse 大多是 64 位解压即可使用的版本，读者可以登录到 Eclipse 官网下载。将下载好的 zip 压缩文件包解压到指定目录，双击 eclipse.exe 文件，就可以使用了。

1.4.2 在 Eclipse 下新建 Java 项目

我们仍然以前面的 HelloWorld 程序为例，介绍使用 Eclipse 创建 Java 项目的过程。

1. Eclipse 启动及工作站初始设置

双击 eclipse.exe 文件，启动 Eclipse。第一次启动 Eclipse 之后，一般会弹出工作站设置（Workspace Launcher）对话框，要求使用者对工作站路径进行设置，如图 1-15 所示。

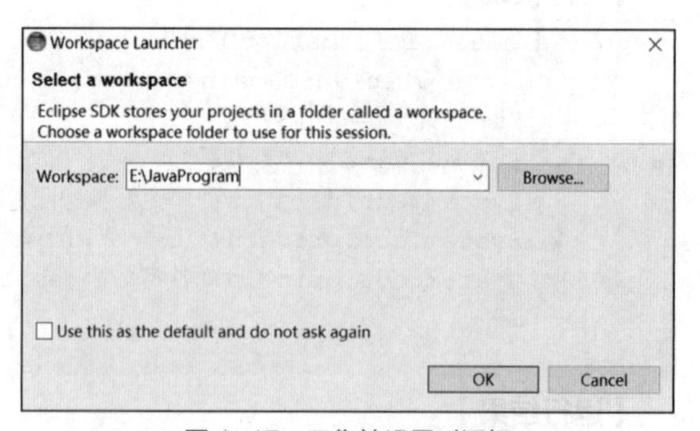

图 1-15　工作站设置对话框

Eclipse 的工作站是用来保存 Java 项目的，可以根据个人情况选取合适的路径。工作站路径设置结束之后，可以单击左下角的复选框，否则每次启动 Eclipse，都会弹出该对话框。

2. Eclipse 工作环境界面简介

工作站设置完成之后，一般会显示欢迎界面，将其关闭即可，然后 Eclipse 工作环境界面就会显示出来。该界面主要由菜单栏、工具栏、资源管理视图、代码编辑区、大纲视图，以及问题、Java 文档、声明和控制台视图组成，如图 1-16 所示。

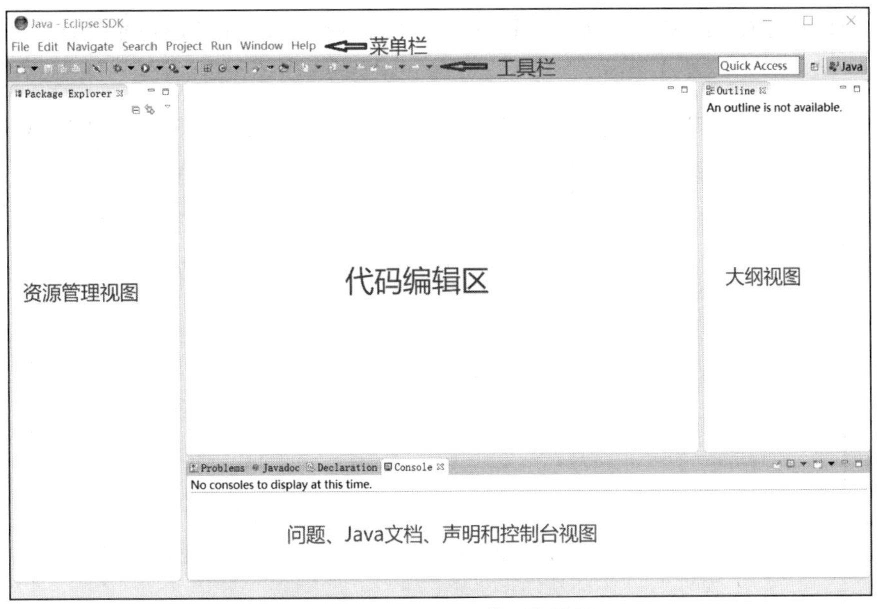

图 1-16　Eclipse 工作环境界面

Eclipse 工作环境界面主要组成部分的介绍如下。

① 代码编辑区：程序员可以在本区域书写及调试 Java 程序。

② 资源管理视图：显示项目文件的组织架构。

③ 大纲视图：显示 Java 程序中类的结构。

④ 问题、Java 文档、声明和控制台视图：显示 Java 程序运行后的结果、错误和异常信息等。

Eclipse 工作环境界面下方的问题、Java 文档、声明和控制台视图所在区域的内容并不是固定不变的，也可以通过单击【Window】→【Show View】命令自行定义，如图 1-17 所示。

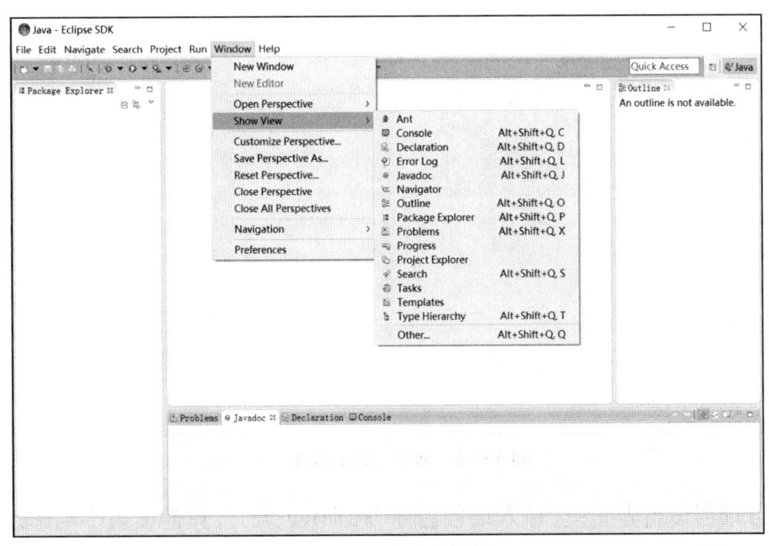

图 1-17　自定义视图

Eclipse 工作环境界面中的各视图位置是可以自由设置的，如果打乱了视图的位置或者关闭了某个视图，可以通过单击【Window】→【Reset Perspective】命令进行重新设置，如图 1-18 所示。

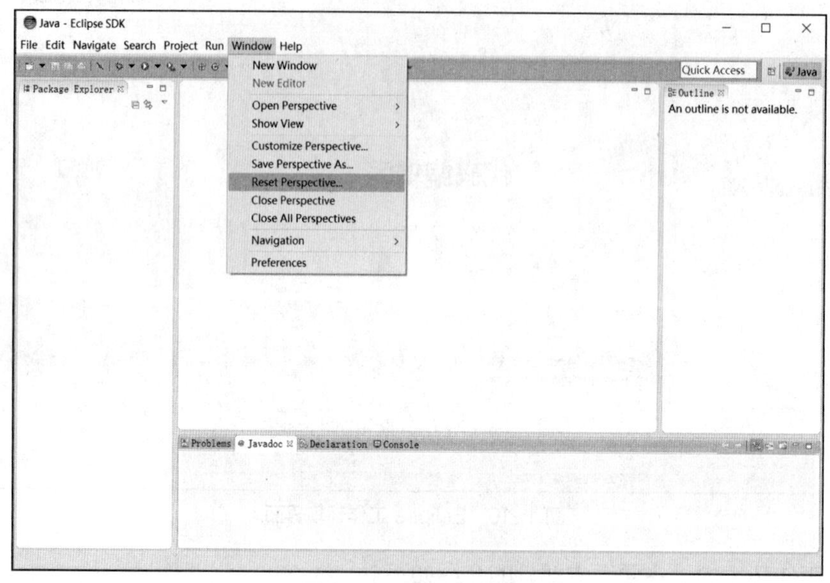

图 1-18 重新设置视图

3. 基于 Eclipse 平台新建 Java 项目

打开 Eclipse 工作环境界面后，依次单击【File】→【New】→【Java Project】命令，新建一个 Java 项目，如图 1-19 所示。

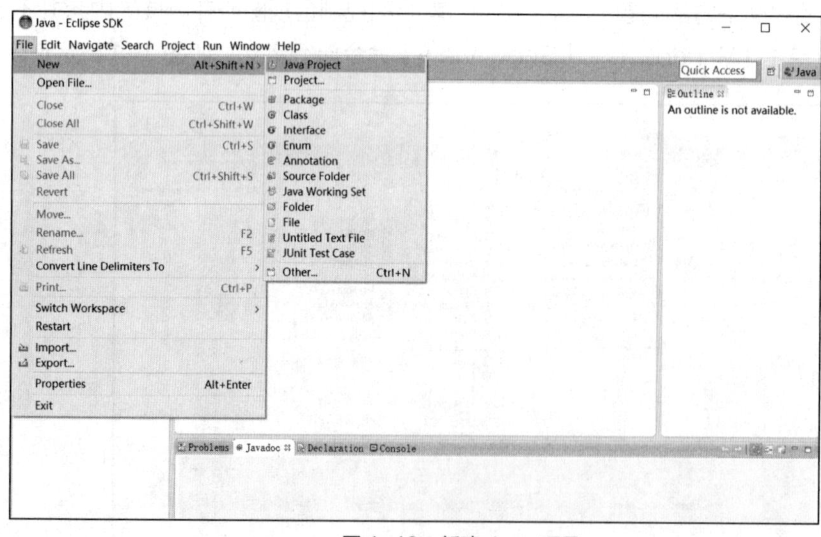

图 1-19 新建 Java 项目

在新建 Java 项目设置界面里，输入项目名称“HelloWorld”，其他设置不用修改，单击【Finish】按钮，如图 1-20 所示。

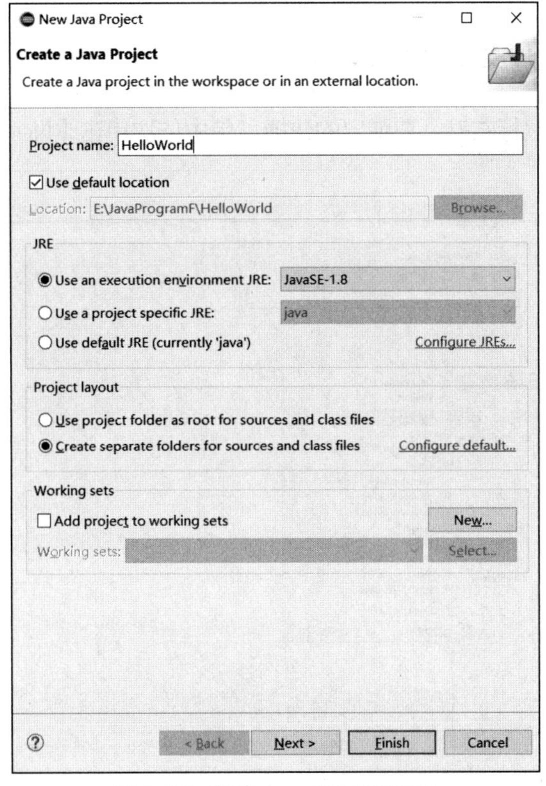

图 1-20　新建 Java 项目设置界面

至此，HelloWorld 项目就创建好了，如图 1-21 所示。

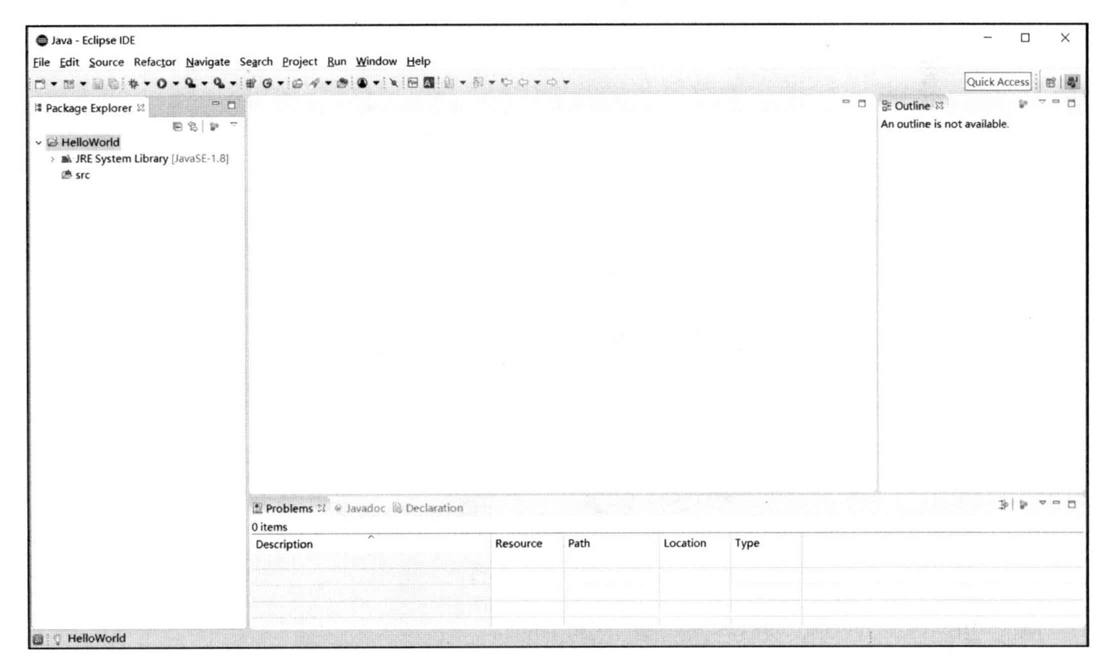

图 1-21　HelloWorld 项目界面

1.4.3 Eclipse 开发和运行 Java 程序

在 src 文件夹上单击鼠标右键，在弹出的快捷菜单中依次单击【New】→【Package】命令，创建包，如图 1-22 所示。

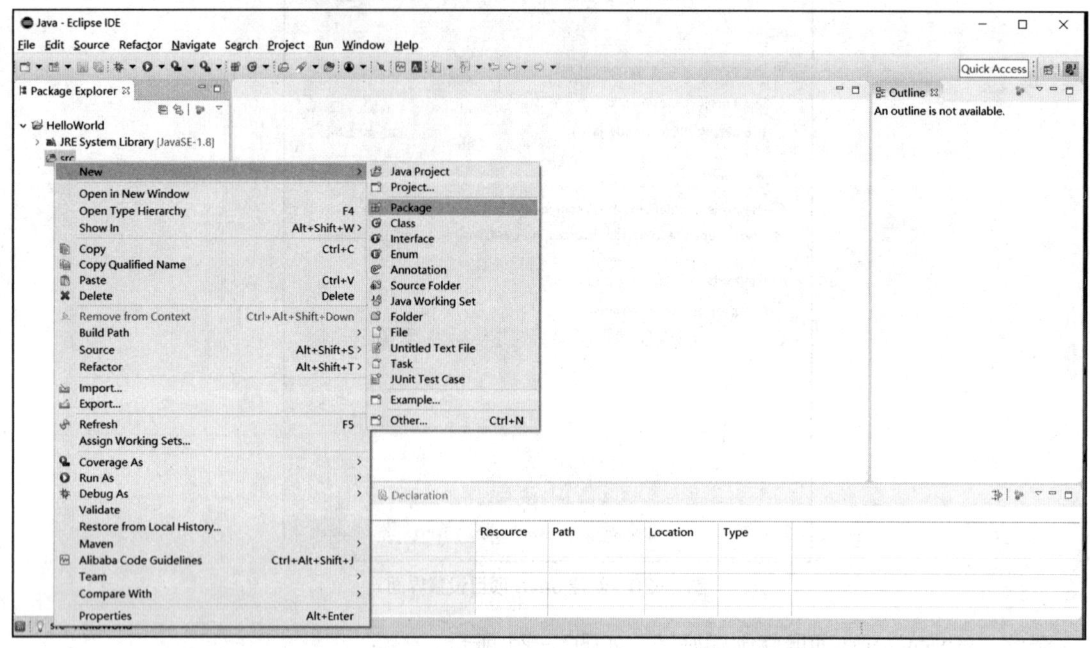

图 1-22 创建包

在弹出的界面里，输入包名“cn.helloworld.program”，单击【Finish】按钮，如图 1-23 所示。

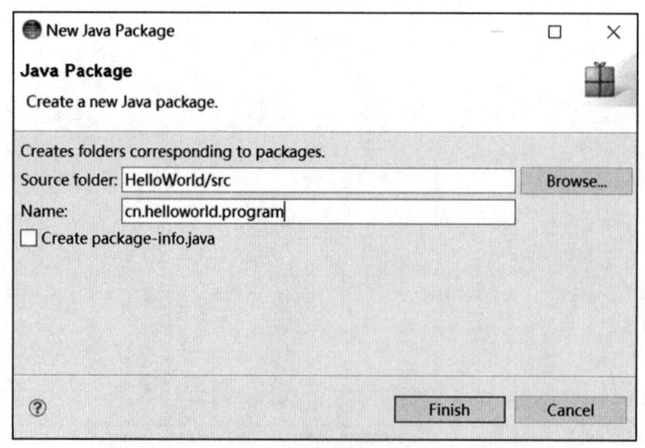

图 1-23 输入包名

创建好包的 HelloWorld 项目界面如图 1-24 所示。

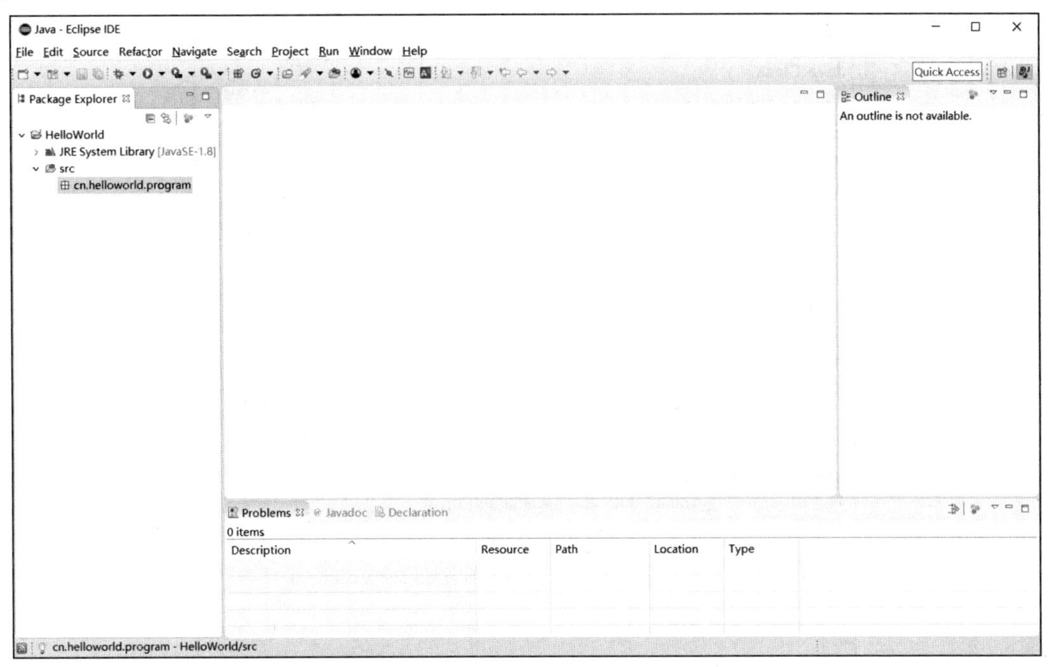

图 1-24　创建好包的 HelloWorld 项目界面

在包上单击鼠标右键，在弹出的快捷菜单中依次单击【New】→【Class】命令，创建 Java 类文件，也就是 Java 程序，如图 1-25 所示。

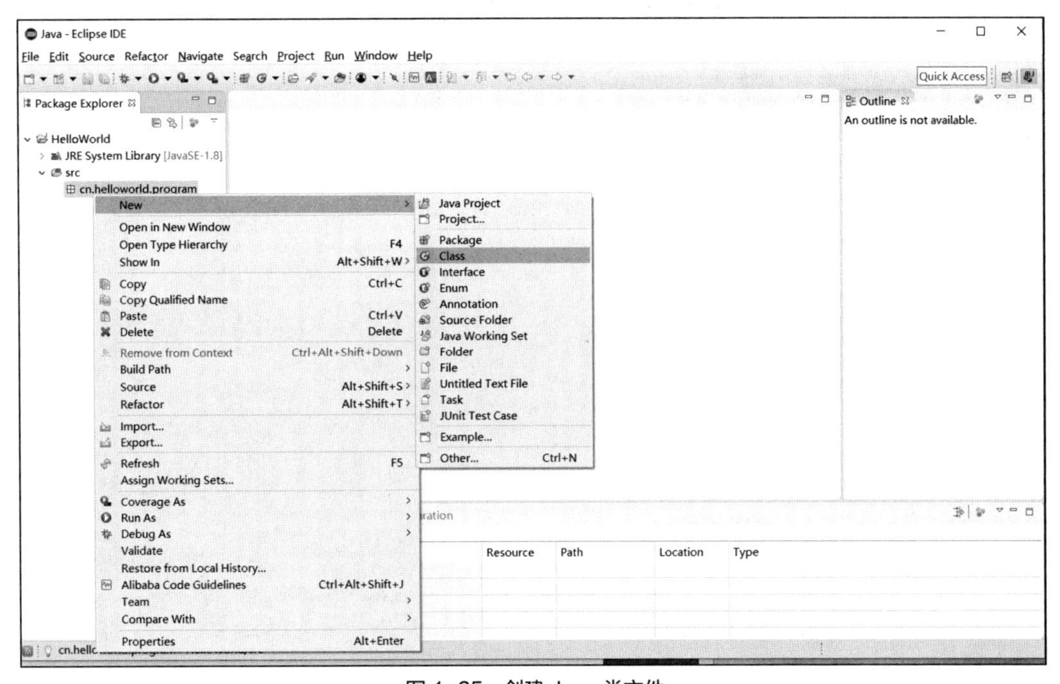

图 1-25　创建 Java 类文件

在弹出的界面里，对 Java 类文件进行设置，输入类名“HelloWorld”，其他设置如图 1-26 所示。

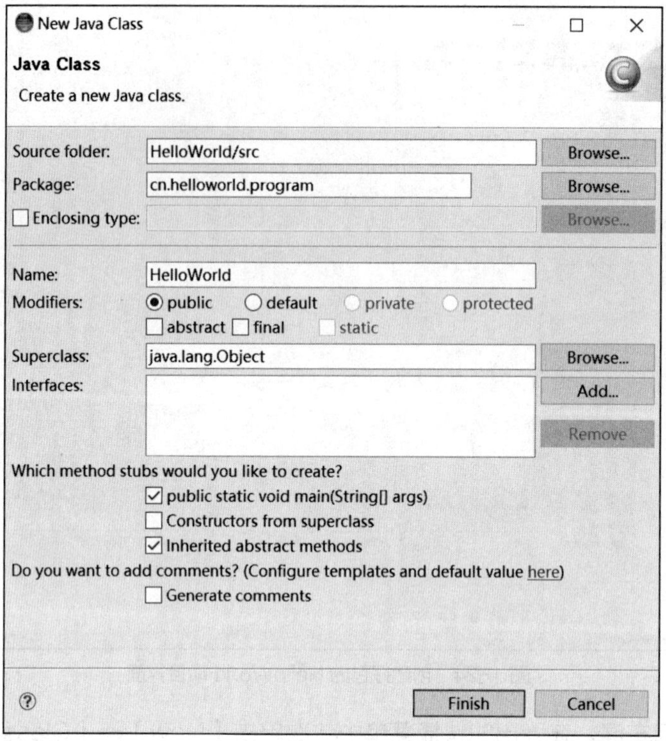

New Java Class
Java Class
Create a new Java class.
Source folder: HelloWorld/src Browse...
Package: cn.helloworld.program Browse...
Enclosing type: Browse...
Name: HelloWorld
Modifiers: public default private protected
abstract final static
Superclass: java.lang.Object Browse...
Interfaces: Add...
Remove
Which method stubs would you like to create?
public static void main(String[] args)
Constructors from superclass
Inherited abstract methods
Do you want to add comments? (Configure templates and default value here)
Generate comments
Finish Cancel

图 1-26　设置 Java 类文件

单击【Finish】按钮之后，完成 Java 类文件的创建。Java 类文件界面如图 1-27 所示。

Java - HelloWorld/src/cn/helloworld/program/HelloWorld.java - Eclipse IDE
File Edit Source Refactor Navigate Search Project Run Window Help
Quick Access
Package Explorer
HelloWorld
JRE System Library [JavaSE-1.8]
src
cn.helloworld.program
HelloWorld.java
HelloWorld.java
package cn.helloworld.program;
public class HelloWorld {
}
Outline
cn.helloworld.program
HelloWorld
Problems Javadoc Declaration
0 items
Description Resource Path Location Type
Writable Smart Insert 4 : 1

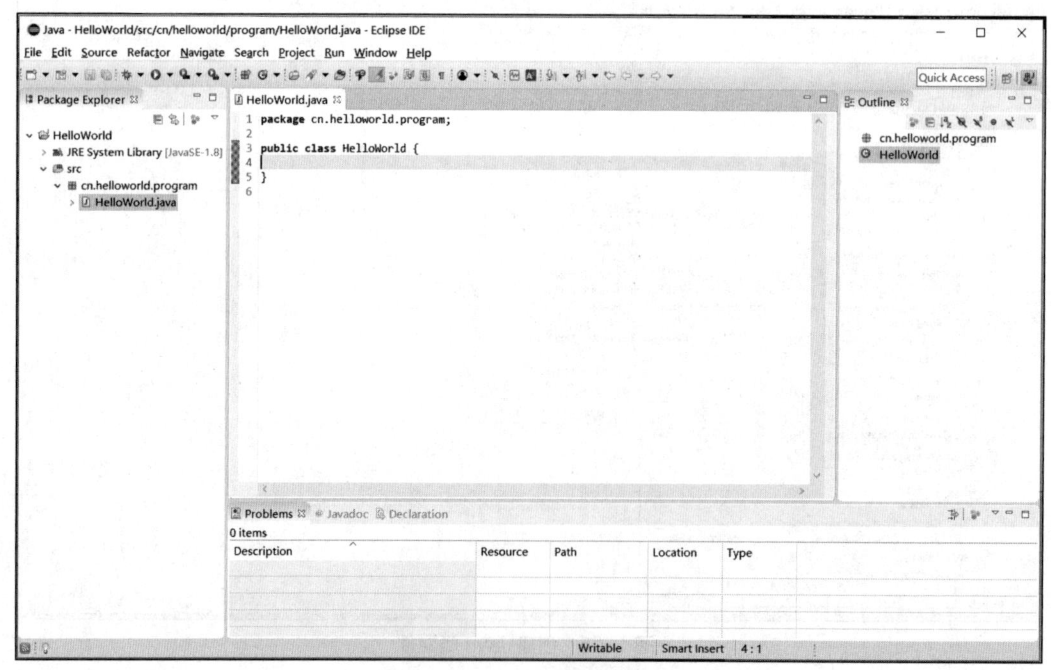

图 1-27　Java 类文件界面

编写代码，如图 1-28 所示。

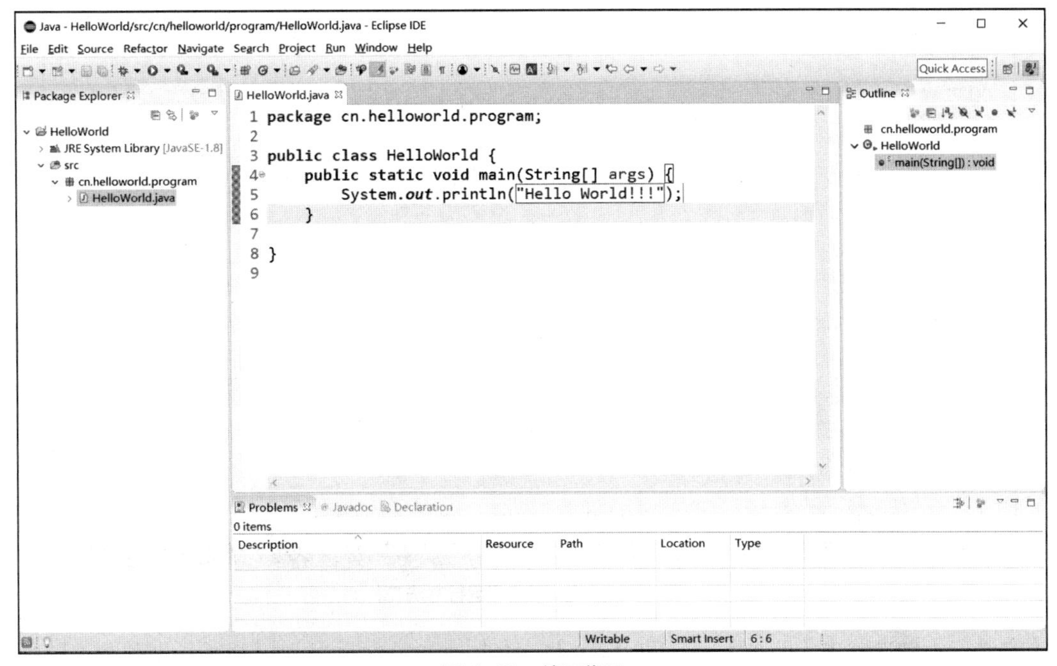

图 1-28　编写代码

代码编写完毕，就可以运行 Java 程序了。常见的 Java 程序运行方法有以下 3 种。

【方法一】单击工具栏的运行按钮，如图 1-29 所示。

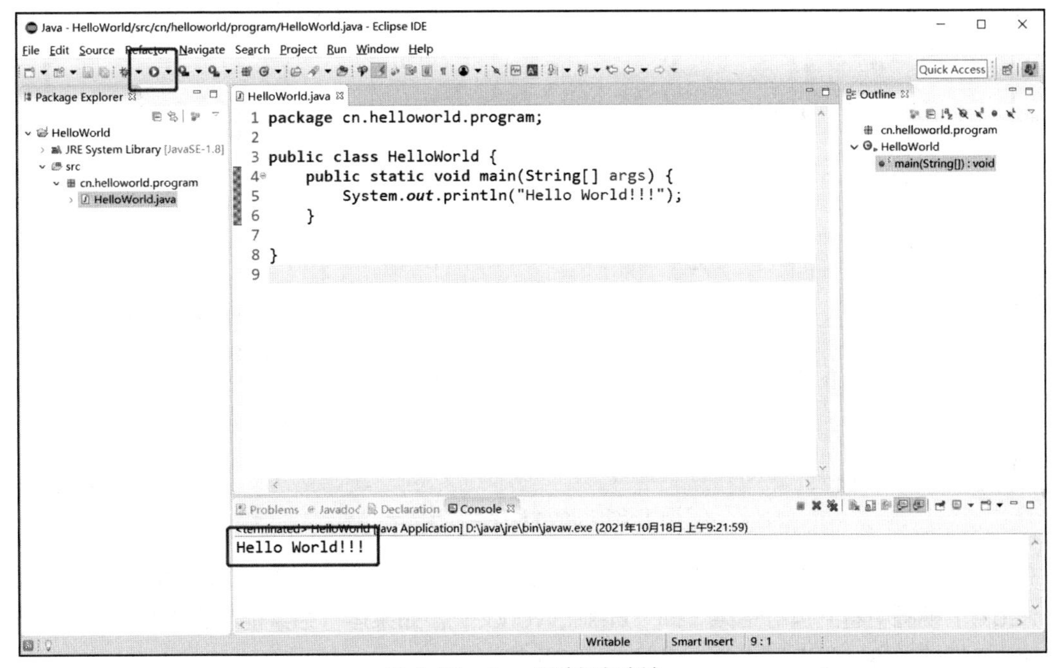

图 1-29　Java 程序运行方法一

【方法二】在 HelloWorld.java 文件上或是在代码区域单击鼠标右键，在弹出的快捷菜单上依次选择【Run As】→【1 Java Application】命令，如图 1-30 所示。

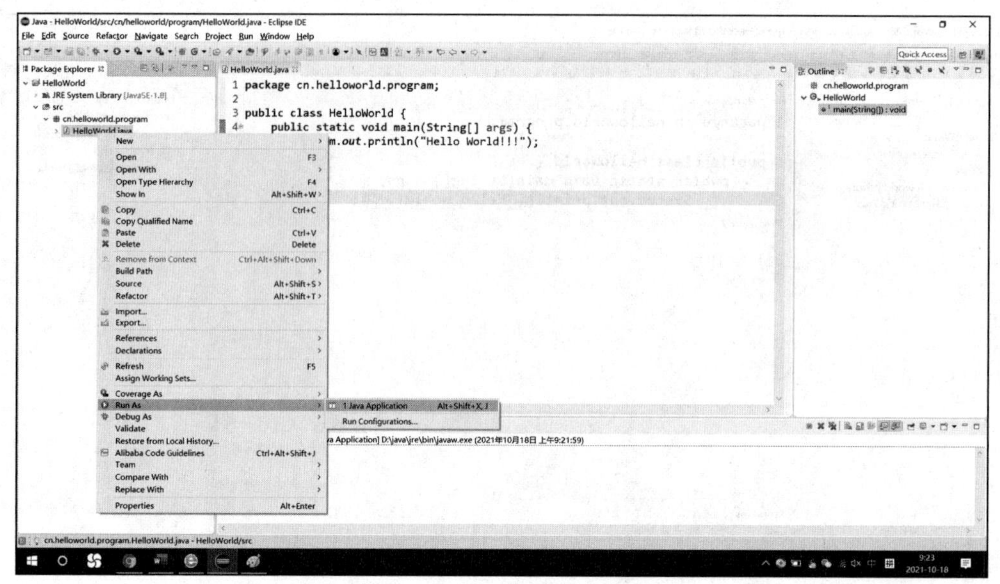

图 1-30　Java 程序运行方法二

【方法三】依次单击【Run】→【Run As】→【1 Java Application】命令，如图 1-31 所示。

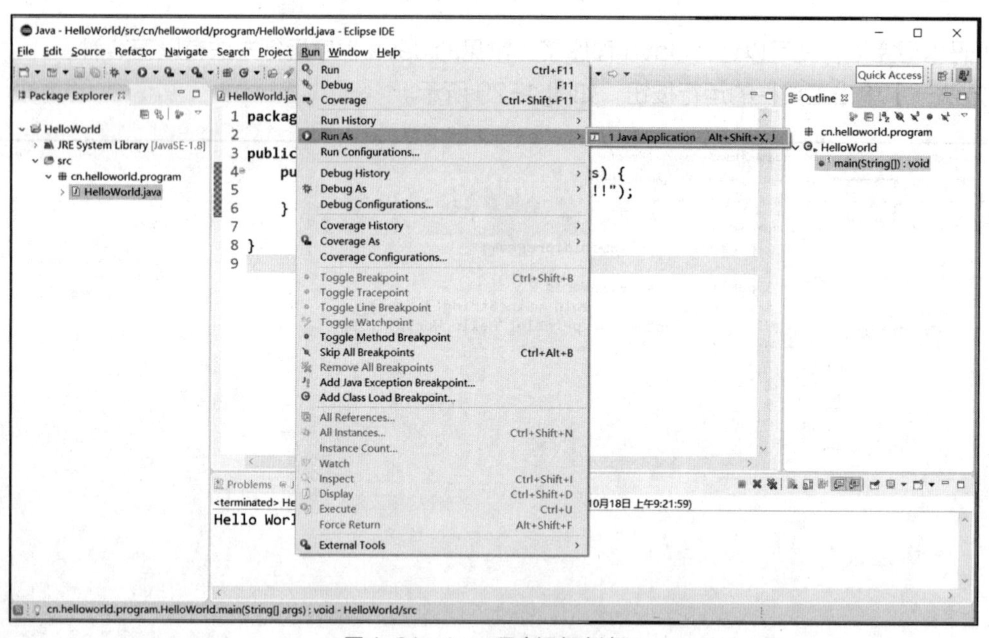

图 1-31　Java 程序运行方法三

使用 3 种方法中的任意一种运行程序之后，都可以在 Eclipse 工作环境界面的控制台（Console）视图中看到运行结果，即“Hello,World!!!”。如果运行结果能够正常显示，就证明了 Eclipse 开发环境安装与设置成功，可以正常工作了。

工欲善其事，必先利其器。借用集成开发环境可以让程序员更加专注于业务层面的开发，提升软件开发效率，事半功倍。读者在后续的开发中要善于使用集成开发工具，提高开发效率，养成良好的编码习惯。

【案例 1-2】 显示菱形图案

控制台视图除了显示文字信息，也可以显示基本的符号，本案例用星号来显示一个菱形图案。

微课 1-9

显示几何图形

【案例分析】

通过前面讲述的 System.out.println()方法，按照一定的规律，每行输出若干空格和星号，组成菱形图案。

【程序实现】

```
public class Diamond {
    public static void main(String[] args) {
        System.out.println("    *");
        System.out.println("   ***");
        System.out.println("  *****");
        System.out.println(" *******");
        System.out.println("*********");
        System.out.println(" *******");
        System.out.println("  *****");
        System.out.println("   ***");
        System.out.println("    *");
    }
}
```

【运行结果】

```
    *
   ***
  *****
 *******
*********
 *******
  *****
   ***
    *
```

模块小结

本模块介绍了 Java 语言的相关知识，在 Windows10 操作系统中搭建与配置 Java 开发环境，Java 程序的编写、编译和解释执行，以及 Eclipse 的安装与使用。通过本模块的学习，读者可对 Java 语言的基本概念、特点和运行机制有初步的认识，应该重点掌握 Java 开发环境的搭建，Java 程序的编写、编译和解释执行，以及 Eclipse 的安装和使用。

自我检测

一、选择题

1. Java 语言是由哪家公司推出的计算机编程语言？（　　）

A. 华为　B. Sun　C. IBM　D. MS

2. 下面哪一个文件用于编译 Java 源程序？（　　）

A. jar.exe　B. java.exe　C. javac.exe　D. javadoc.exe

3. Java 源程序的扩展名是什么？（　　）

A. .java　B. .jdk　C. .jar　D. .jre

4. 下列哪个文件夹为 Java 程序提供运行环境？（　　）

A. db　B. lib　C. jre　D. jar

5. Java 语言的特点不包含哪一项？（　　）

A. 安全性　B. 面向对象　C. 面向过程　D. 多线程

6. 下列哪个选项不是 Java 平台版本？（　　）

A. Java ME　B. Java SE　C. Java CE　D. Java EE

7. Java 语言不属于下面哪一种语言？（　　）

A. 解释性语言　B. 面向过程语言　C. 高级语言　D. 面向对象语言

二、编程题

1. 在控制台视图中显示自己的姓名、性别和年龄。
2. 在控制台视图中显示 5 行星号。

自我评价

技能目标	Java 开发环境的搭建，Java 程序的编写与运行		安装与配置 JDK，安装与使用 Eclipse，Java 程序的编写、编译和解释执行	
程序员综合素养自我评价	需求分析能力	编码规范化	软件测试能力	团队协作能力

模块2
Java基本语法

02

学习目标（含素养要点）:

- 熟悉 Java 的基本语法。
- 掌握基本数据类型。
- 掌握常量、变量的定义和使用（编码规范）。
- 掌握运算符的使用（工匠精神）。
- 掌握数据类型的转换。
- 掌握数据的输入和输出格式（科学思维）。

每一种编程语言都有自己的一套语法规范，Java 语言也不例外，同样有自己的语法规范，如代码的书写、标识符的定义、关键字的应用等。因此，学好 Java 语言，首先需要了解它的基本语法。

2.1 Java 的关键字和标识符

在 Java 程序中，有些字符串（单词）被赋予了特殊含义，有专门用途，被称作关键字；有些组成部分可以由编程人员命名，被称作标识符。下面介绍 Java 常用的关键字与标识符。

微课 2-1

关键字与标识符

2.1.1 Java 的关键字

关键字是 Java 语言中预先定义的标识符，在程序中有特殊的含义，用户不能将其用作自定义标识符。

表 2-1 列举了 Java 中的常用关键字。

表 2-1 Java 中的常用关键字

abstract	continue	for	new	switch
assert	default	goto	package	synchronized
boolean	do	if	private	this
break	double	implements	protected	throw
byte	else	import	public	throws
case	enum	instanceof	return	transient
catch	extends	int	short	try

续表

char	final	interface	static	void
class	finally	long	strictfp	volatile
const	float	native	super	while

Java 的关键字都是小写字母组成的字符串，在大多数编辑器和集成开发环境中都会用特殊颜色标识。

2.1.2 Java 的标识符

在程序编写中，经常需要用一些符号来标识类名、变量名、方法名、类型名、数组名以及文件名等，这些符号称为标识符。简单地说，标识符就是一个名字。

1. Java 标识符的语法规范

（1）标识符由字母、数字、下画线、美元符号组成，没有长度限制。

（2）标识符的第一个字符不能是数字字符。

（3）自定义标识符不能使用关键字命名。

（4）标识符区分大小写。

Java 语言使用 Unicode 字符集，最多可以标识 65535 个字符。因此，Java 语言中的字符可以是 Unicode 字符集中的任何字符，包括拉丁文、汉字、日文和其他许多语言中的字符。

例如，以下都是合法的字符。

```
age、_value、user_name、Hello、hello、$salary、studentName、姓名、类 1
```

2. 标识符命名风格

为了增强源程序的可读性，增强系统的可维护性，在程序开发中，不仅要做到标识符的命名合法（符合语法规范），还应符合以下风格。

（1）标识符的命名应尽可能有意义，做到见名知意。

（2）包名由小写字母组成。

（3）类名和接口名中每个单词的首字母要大写，如 ArrayList。

（4）变量名和方法名的第一个单词全部小写，从第二个单词开始，每个单词的首字母大写，如 setName、getMaxScore。

（5）常量名的所有字母通常用大写，用下画线来分隔每个单词，如 MAX_VALUE。

读者在后续的代码编写中要遵守上述语法规范和风格，养成良好的编码习惯。

2.2 常量与变量

微课 2-2

常量与变量

在程序执行过程中，值不发生改变的量称为常量，值能被改变的量称为变量。常量和变量的声明都必须使用合法的标识符，所有常量和变量必须在声明后才能使用。

2.2.1 常量

常量就是在程序中值固定不变的量，是不能改变的数据，如圆周率、数字 5、字符'A'、浮点数 87.65 等。

1. 声明常量

声明常量通常也称为“final 变量”。常量在整个程序中只能被赋值一次。在为所有对象共享值时，常量是非常有用的。

在 Java 语言中声明一个常量，除了要指定数据类型外，还需要通过 final 关键字进行限定。声明常量的语法格式如下：

```
final 数据类型 常量名[=值];
```

常量名通常使用大写字母，但这并不是必须的。很多 Java 程序员使用大写字母表示常量，常常是为了清楚地表明正在使用常量。例如：

```
final double PI=3.14;
final int N=45;
```

声明常量可以先声明，后赋值，但是只能赋值一次，否则，系统会给出编译错误。

2. 字面值常量

在 Java 中，常量包括整型常量、浮点型常量、字符型常量、字符串常量、布尔型常量、null 常量等，例如 123、4.56、'A'、"Hello Java"、true、null 等。

2.2.2 变量

变量是在程序运行过程中值可以变化的数据。例如手机的电量、水杯的容量、人的年龄等，都会根据不同的环境产生不同的数值。变量有变量名、值、类型 3 个属性。

声明变量的语法格式如下：

```
类型  变量名;
```

或

```
类型  变量名=值;
```

其中，类型是数据类型的名称，变量名是为变量命名的合法标识符。一个语句可以同时声明多个相同类型的变量。例如：

```
int x=1,y;
long n;
float a,b,c;
String name="tom";
```

在程序的同一个有效区域（通常以“{}”为界）里，变量名必须是唯一的，也就是变量不能重名。在不同的有效区域里，变量名可以重名。

变量的取值必须与变量类型匹配，并且符合相应类型的取值范围。

当声明一个变量时，编译程序会在内存里配置一块足以容纳此变量的内存空间给它。不管变量的值如何改变，此空间地址都不会改变。

2.3 Java 的基本数据类型

某学校需要老师们填写个人基本资料，填写内容如表 2-2 所示。

表 2-2 个人基本资料

姓名	身高/cm	体重/kg	血型	是否是教师
李磊	162	52.5	A	是
张建	177	78.5	O	是
朱一鸣	180	80.0	AB	否
孙俪	168	49.5	B	否

表 2-2 中的数据都是不同类型的，因此计算机语言将数据按照性质进行了分类，每一类称为一种数据类型。数据类型定义了数据的性质、取值范围、存储方式，以及对数据所能进行的运算和操作。

Java 语言中的数据类型分为两大类：基本数据类型和引用数据类型。

基本数据类型也称为简单数据类型。Java 语言中有 8 种基本数据类型，分别是 boolean、byte、short、char、int、long、float、double，这 8 种基本数据类型又可以分为以下四大类型。

（1）整型：byte、short、int、long。

（2）浮点型：float、double。

（3）字符型：char。

（4）布尔型：boolean。

引用数据类型包括类、接口、数组等。Java 的数据类型如图 2-1 所示。本节只讨论基本数据类型，引用数据类型将在后面的章节详细介绍。

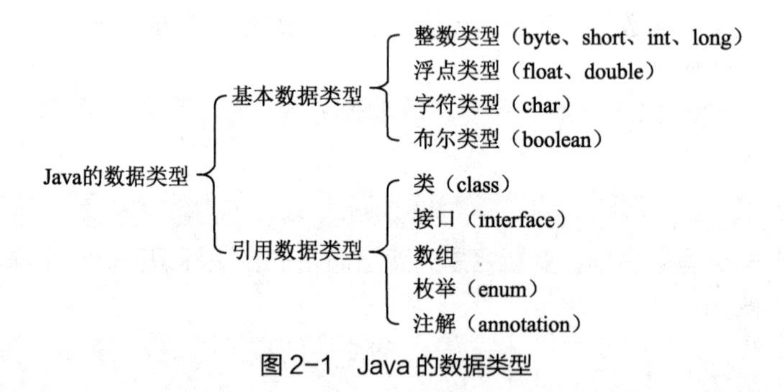

图 2-1 Java 的数据类型

2.3.1 整型

整型数据用于表示没有小数部分的数值，可以是正数或者负数，也可以是零。程序中出现的整型数据可以分为整型常量和整型变量。

1. 整型常量

整型常量有二进制、八进制、十进制和十六进制这 4 种表示形式，具体表示形式如下。

（1）二进制：由数字 0 和 1 组成的数字序列。数字前面要以 0b 或者 0B 开头，以区分于十进制数据，如 0b01010001、0B01110111。

（2）八进制：以 0 开头并且其后由 0~7（包括 0 和 7）的整数组成的数字序列，如 017、0236。

（3）十进制：由数字 0~9（包括 0 和 9）的整数组成的数字序列，如 167、5698。

（4）十六进制：以 0x 或者 0X 开头，并且其后由 0~9、A~F（包括 0 和 9、包括 A 和 F，且字母不区分大小写）组成的数字序列，如 0X145、0x512。

2. 整型变量

整型变量用来存储整数。根据所占内存的大小，整型可以分为 byte、short、int 和 long 这 4 种类型。这 4 种类型的变量所占存储空间的大小（字节数）和取值范围如表 2-3 所示。

表 2-3 整型

类型名	字节数	取值范围
byte	1	$-2^{7}\sim2^{7}-1$
short	2	$-2^{15}\sim2^{15}-1$
int	4	$-2^{31}\sim2^{31}-1$
long	8	$-2^{63}\sim2^{63}-1$

4 种类型的说明如下。

（1）byte 型。

使用 byte 关键字来定义 byte 型（字节型）变量，可以一次定义多个变量，并对其进行赋值，也可以不进行赋值。byte 型变量是整型变量中所分配的内存空间最小的，只分配 1 个字节；取值范围也是最小的，是$-2^{7}\sim2^{7}-1$，即$-128\sim127$，使用 byte 型变量时一定要注意，避免数据溢出而产生错误。例如：

```
byte x=25,y=-56,z;        // 定义 byte 型变量 x、y、z，并赋初值给 x、y
```

（2）short 型。

short 型即短整型，使用 short 关键字来定义 short 型变量。系统给 short 型变量分配 2 个字节的内存，取值范围是$-2^{15}\sim2^{15}-1$，即$-32768\sim32767$。虽然取值范围变大，但还是要注意避免出现数据溢出。

（3）int 型。

int 型即基本整型，使用 int 关键字来定义 int 型变量。int 型变量取值范围很大，是$-2^{31}\sim2^{31}-1$，一般情况下足够使用，所以是整型变量中应用最广泛的。例如：

```
int x=345,y=-678,z;
```

（4）long 型。

long 型即长整型，使用 long 关键字来定义 long 型变量。在对 long 型变量赋值时，数值结尾必须加上“l”或者“L”，否则变量将不被认为是 long 型的。当整数数值很大并超出 int 型取值范围时，就使用 long 型，系统给 long 型变量分配 8 个字节，取值范围更大，是$-2^{63}\sim2^{63}-1$。例如：

```
long x=64545345L,y=-67865654L,z;
```

【例 2-1】编写程序，输出整型数据所占用空间的字节数，以及整型数据的取值范围。

【例题分析】

Java 中整型可以分为 byte、short、int 和 long 这 4 种类型。借助于系统提供的包装类中的常量，可以得到整型数据所占用空间的字节数以及整型数据的取值范围。

【程序实现】

```
public class Example2_1 {
    public static void main(String[] args) {
        System.out.println("byte 型数据的字节数: "+Byte.SIZE);
        System.out.println("byte 型数据的取值范围: "+
                           Byte.MIN_VALUE+"~"+Byte.MAX_VALUE);
        System.out.println("short 型数据的字节数: "+Short.SIZE);
        System.out.println("short 型数据的取值范围: "+
                           Short.MIN_VALUE+"~"+Short.MAX_VALUE);
        System.out.println("int 型数据的字节数: "+Integer.SIZE);
        System.out.println("int 型数据的取值范围: "+
                           Integer.MIN_VALUE+"~"+Integer.MAX_VALUE);
        System.out.println("long 型数据的字节数: "+Long.SIZE);
        System.out.println("long 型数据的取值范围: "+
                           Long.MIN_VALUE+"~"+Long.MAX_VALUE);
    }
}
```

【运行结果】

```
byte 型数据的字节数: 8
byte 型数据的取值范围: -128~127
short 型数据的字节数: 16
short 型数据的取值范围: -32768~32767
int 型数据的字节数: 32
int 型数据的取值范围: -2147483648~2147483647
long 型数据的字节数: 64
long 型数据的取值范围: -9223372036854775808~9223372036854775807
```

2.3.2 浮点型

浮点型数据表示带小数的数值，在程序中出现的浮点型数据分为浮点型常量和浮点型变量。

微课 2-4

浮点型

1. 浮点型常量

浮点型常量分为单精度浮点型常量和双精度浮点型常量两种类型。其中，单精度浮点型常量以“F”或者“f”结尾，双精度浮点型常量则以“D”或者“d”结尾。系统默认的浮点型常量为双精度浮点型常量。

浮点型常量可用以下两种形式表示。

（1）十进制小数形式，如 3.14f，314.0。

（2）指数形式，使用“底数+E/e+指数”的形式。其中，字母 E（或 e）前面必须有数字，字符 E（或 e）后的指数必须是整数，如 3.14e2、10E-2。

2. 浮点型变量

在 Java 语言中，浮点型包括 float 型和 double 型。浮点型变量所占存储空间的大小和取值范围如表 2-4 所示。

表 2-4　浮点型

类型名	字节数	取值范围
float	4	±1.4E-45~±3.4E38
double	8	±4.9E-324~±1.798E308

（1）float 型。

float 型即单精度浮点型，使用 float 关键字来定义 float 型变量，可以一次定义多个变量，并对其进行赋值，也可以不赋值。在对 float 型赋值时，数值结尾必须加上“f”或者“F”，否则系统将默认该数值为 double 型数值。例如：

```
float x=34.56f,y=-768.23F,z;
```

（2）double 型。

double 型即双精度浮点型，使用 double 关键字来定义 double 型变量，可以一次定义多个变量，并对其进行赋值，也可以不赋值。在给 double 型赋值时，数据结尾可以使用“d”或者“D”明确表明这是一个 double 型数据。例如：

```
double x=34.56d,y=-768.23D,z=543.12,m,n; // 可以加也可以不加
```

2.3.3　字符型

字符型数据表示单一字符，在 Java 程序中出现的字符型数据有字符型常量和字符型变量。

1. 字符型常量

字符型常量用于表示一个字符，一个字符型常量需要用一对英文半角格式的单引号标注，它可以是英文字母、数字、标点符号以及转义字符表示的特殊字符。例如：

```
'm'、 '9'、 ';'、 '\n'、 '\u0061'、 '*'、 '好'
```

其中，'\u0061'表示字符 a。Java 采用 Unicode 字符集，Unicode 字符以\u 开头，字符 a 在 Unicode 字符集中的编码为“61”，采用十六进制表示，即为十进制的 97。

2. 字符型变量

在 Java 中用 char 定义字符型变量。字符型变量所占存储空间的大小和取值范围如表 2-5 所示。

表 2-5　字符型

类型名	字节数	取值范围
char	2	0~65535

在表示字符型常量时，要用单引号标注。例如，'a'表示一个字符，并且单引号中只能有一个字符。例如：

```
char ch='A';
```

由于字符 A 在 Unicode 字符集中的编码是 65，因此上面语句也可以写成：

```
char ch=65;
```

Java 语言采用 Unicode 编码，可以存储 65536 个字符（0x0000~0xffff）。所以在 Java 中的字符可以用于处理几乎所有国家的语言文字，Java 中每一个字符都对应一个整型的 Unicode 编码。

例如：

```
int x='中';
int y='国';
System.out.println("中的 Unicode 编码是: "+x); //输出“中的 Unicode 编码是: 20013”
System.out.println("国的 Unicode 编码是: "+y); //输出“国的 Unicode 编码是: 22269”
```

【例 2-2】编写程序，输出李磊老师名字中每个字的 Unicode 编码。

【例题分析】

每个汉字都是一个字符，Java 中每个字符对应一个 Unicode 编码。把汉字字符赋值给 int 型变量，直接输出的 int 型变量值就是对应的 Unicode 编码。

【程序实现】

```
public class Example2_2 {
    public static void main(String[] args) {
        int x = '李';
        int y = '磊';
        System.out.println(x);
        System.out.println(y);
    }
}
```

【运行结果】

```
26446
30922
```

在字符型数据中有一种特殊的字符，以反斜线“\”开头，后接一个或多个字符，具有特定的含义，叫作转义字符。例如，“\n”就是一个转义字符，表示“换行符”。Java 中的常用转义字符如表 2-6 所示。

表 2-6　Java 中的常用转义字符

转义字符	含义
\n	换行符
\t	制表符
\b	退格符
\r	回车符
\f	换页符
\\	反斜线字符
\'	单引号字符
\"	双引号字符
\ddd	1~3 位八进制数据所表示的字符，如\234
\uxxxx	4 位十六进制数据所表示的字符，如\u32af

转义字符也是字符，所以将转义字符赋值给字符型变量时，与其他字符型常量值一样需要加单引号。例如：

```
char ch1='\\';                          //将转义字符“\\”赋值给变量 ch1
char ch2='\u2605';                      //将转义字符“\u2605”赋值给变量 ch2
```

```
System.out.println("输出反斜线: "+ch1);        //输出\
System.out.println("输出五角星: "+ch2);        //输出*
```

2.3.4 布尔型

在 Java 中，事物的“真”和“假”用布尔型的值来表示。程序中出现的布尔型数据包括布尔型常量和布尔型变量。

1. 布尔型常量

布尔型常量即布尔型数据的两个值——true 和 false，该常量用于区分一个事物的“真”和“假”。

2. 布尔型变量

布尔型又称为逻辑类型，在 Java 中，布尔型只有 true 和 false 两个值，分别表示布尔逻辑中的“真”和“假”。使用 boolean 关键字声明布尔型变量，该变量通常用在流程控制中作为判断条件。布尔型变量所占存储空间的大小和取值范围如表 2-7 所示。

表 2-7 布尔型

类型名	字节数	取值范围
boolean	1	true/false

【案例 2-1】 自我介绍

大一新生入校后的第一课是进行自我介绍，介绍内容包括姓名、年龄、身高、体重、性别、兴趣爱好等，试写程序把学生的个人信息输出到屏幕上。

微课 2-5

自我介绍

【案例分析】

要为学生自我介绍的内容选择合适的数据类型，姓名使用 String 类型，年龄使用 int 型、身高使用 double 型，体重使用 double 型，性别使用 char 型，兴趣爱好使用 String 类型。最后输出个人信息。

【程序实现】

```
public class Introduce {
    public static void main(String[] args) {
        String name = "张杰";
        int age = 18;
        double stature = 177;
        double weight = 75.5;
        char sex = '男';
        String interest = "计算机编程";
        System.out.println("姓名: " + name);
        System.out.println("年龄: " + age);
        System.out.println("身高: " + stature);
        System.out.println("体重:" + weight);
        System.out.println("性别: " + sex);
        System.out.println("兴趣爱好: " + interest);
    }
}
```

【运行结果】

```
姓名：张杰
年龄：18
身高：177.0
体重75.5
性别：男
兴趣爱好：计算机编程
```

2.4 数据的输入与输出

应用程序通常要与用户进行交互，在运行过程中常常需要用户输入数据以供程序处理，并将处理结果输出。

微课 2-6

输入与输出

2.4.1 从控制台输出数据

使用 System.out.print()或者 System.out.println()可以输出字符串、表达式等的值。输出语句的语法格式为：

```
System.out.print("要输出的内容");
```

或者：

```
System.out.println("要输出的内容");
```

这两者的区别是：System.out.println()输出双引号中的数据后会换行，而 System.out.print()输出双引号中的数据后不会换行。

输出语句的圆括号中的内容，不一定是字符串，可以是任何有效类型的数据，包括变量、常量、方法调用以及表达式等。当输出的内容由多个字符串或者字符串与其他类型数据组成时，使用“+”将多个字符串或者字符串与其他类型数据连接起来。输出时，程序自动对表达式进行计算，然后将这些数据转换成字符串后输出。例如：

```
System.out.println ("Hello Java!"); //输出“Hello Java!”这个字符串
System.out.println ("长方形的面积为: "+a*b);
```

可以在输出内容中加入转义字符，如\t、\n 等，以控制输出内容的格式。例如：

```
System.out.print("长方形的面积为: \t"+a*b+"\n");
```

如果输出的字符串长度较长，可以将字符串分解成几个部分，然后使用字符串连接符号“+”将它们首尾相连接，例如：

```
System.out.println ("Hello,"+
                               "Java!");
```

另外，System.out 中还有很多方法，如用于格式化输出的 System.out.printf()等，读者可查阅 Java API 帮助文档了解。

2.4.2 从控制台输入数据

Java 语言中，用户可以通过键盘输入数据，来对不同类型的变量进行赋值。下面介绍使用 Scanner 类通过键盘输入数据的方法。

Scanner 类是 JDK 1.5 新增的一个开发类库。使用 Scanner 类需要以下 3 个步骤。

（1）导入 Scanner 类所在的程序包 java.util.Scanner，并且写在程序的首行。例如：

```
import java.util.Scanner;
```

（2）创建 Scanner 类的对象。例如：

```
Scanner in=new Scanner(System.in);
```

（3）调用方法，读取用户从键盘输入的各种类型的数据。例如：

```
nextBoolean()//从键盘接收布尔型数据
nextByte()//从键盘接收字节型数据
nextShort()//从键盘接收短整型数据
nextInt()//从键盘接收整型数据
nextLong()//从键盘接收长整型数据
nextFloat()//从键盘接收单精度浮点型数据
nextDouble()//从键盘接收双精度浮点型数据
next()//查找并返回一个完整的字符串
nextLine()//返回当前行的字符串部分，不包括结尾处的行分隔符
```

上述方法执行时，程序都会阻塞，等待用户输入数据，输入完成后，按【Enter】键进行确认。

【例 2-3】从键盘输入两个整型数据，计算这两个整型数据的和，并输出显示。

【例题分析】

对于整型数据的输入，需要使用 Scanner 类提供的 nextInt()方法。

【程序实现】

```
import java.util.Scanner;                              //导入 Scanner 类所在的包
public class Example2_3 {
    public static void main(String[] args) {
        System.out.println("请输入两个整型数据：");
        Scanner reader = new Scanner(System.in);       // 创建 Scanner 类的对象 reader
        int a = reader.nextInt();                      // 输入第一个整型数据
        int b = reader.nextInt();                      // 输入第二个整型数据
        int sum = a + b;
        System.out.println(a + "+" + b + "=" + sum);
    }
}
```

【运行结果】

```
请输入两个整型数据：
12  34
12+34=46
```

对于数据的输入，只需要创建一个 Scanner 类的对象，就可以满足输入不同类型数据或者输入多个数据的需要，不需要创建多个对象进行数据的输入。

【案例 2-2】 购房贷款计算

商业贷款是时下不少购房者的选择。在银行贷款时共有两种贷款方式，分别是等额本息法和等额本金法。其中，等额本息法是指把贷款的本金总额与利息总额相加，然后将相加后的总额平均分摊到还款期限的每个月中。还款人每个月还给银行固定的金额，但每个月还款金额中的本金比重逐月递增，利息比重逐月递减。

每月还款金额的计算公式是：

$$y=\frac{a\times r\times(1+r)^n}{(1+r)^n-1}$$

其中：

- y——每月的还款金额（单位为元）；
- a——贷款总金额（单位为元）；
- n——贷款总月数；
- r——月利率。

请输入贷款总金额 a、贷款总月数 n 和月利率 r，计算并输出每月的还款金额 y。

【案例分析】

利用 Scanner 类输入贷款总金额 a、贷款总月数 n 和月利率 r，代入公式即可。公式中有$(1+r)$的 n 次幂的计算，需要用到 Math 类的 pow()方法。

【程序实现】

```
import java.util.Scanner;
public class Mortgage {
    public static void main(String[] args) {
        double y, r;
        int a, n;
        Scanner in = new Scanner(System.in);
        System.out.print("请输入贷款总金额(元)：");
        a = in.nextInt();
        System.out.print("请输入贷款总月数：");
        n = in.nextInt();
        System.out.print("请输入月利率：");
        r = in.nextDouble();
        y = a * r * Math.pow(1 + r, n) / (Math.pow(1 + r, n) - 1);
        System.out.println("每月的还款金额为：" + y + "元。");
    }
}
```

【运行结果】

```
请输入贷款总金额(元)：200000
请输入贷款总月数：120
请输入月利率：0.0058
每月的还款金额为：2318.0485842145813 元。
```

2.5 运算符与表达式

描述各种不同运算的符号称为运算符。用运算符把操作数连接而成的式子称为表达式。根据操作数的个数，运算符可分为单目运算符、双目运算符和三目运算符。表达式的类型由运算符的类型决定，可分为算术表达式、关系表达式、逻辑表达式、赋值表达式、条件表达式等。

2.5.1 算术运算符与算术表达式

算术运算符分为双目运算符和单目运算符。算术表达式也称为数值型表达式，由算术运算符、数值型常量和变量、方法调用以及圆括号组成，其运算结果为数值。Java 中的算术运算符如表 2-8 所示。

表 2-8 算术运算符

运算符	含义	用法	结合方向
+	正	+op1	从右向左
-	负	-op1	从右向左
+	加	op1+op2	从左向右
-	减	op1-op2	从左向右
*	乘	op1*op2	从左向右
/	除	op1/op2	从左向右
%	取模	op1%op2	从左向右
++	自增	++op1	从右向左
		op1++	从右向左
--	自减	--op1	从右向左
		op1--	从右向左

1. 双目运算符

双目运算符是人们比较熟悉的运算符，需要两个操作数参与，通常得出一个结果。双目运算符有加号（+）、减号（-）、乘号（*）、除号（/）、取模号（%）5 种，下面介绍其中两种。

（1）除法运算：在进行除法运算时，当除数和被除数都为整数时，得到的结果也是一个整数。如果除法运算有浮点型数据参与，得到的结果会是一个带小数的浮点型数据。例如，15/4 得到的结果是 3，而 15.0/4 得到的结果是 3.75。

（2）取模运算：取模运算用来求余数，运算结果的正负号与被模数（%左边的数）相同。例如，（-5%3）=-2，5%(-3)=2，(-5)%(-3)=-2，5%3=2。

注意 在 Java 中表示数学中的乘法时，乘号“*”不能省略。例如，6*a 不能写成 6a 或者 6·a。

2. 单目运算符

单目运算符可以和一个变量构成一个算术表达式。常见的单目运算符有正号（+）、负号（-）、自增运算符（++）和自减运算符（--）。自增运算时单个变量的值增加 1，自减运算时单个变量的值减 1。自增、自减运算符有两种用法。

（1）前置运算，即运算符放在变量之前，如++i、--j。变量的值先增（或减）1，然后以变化后的值参与其他运算，即“先增减，后运算”。例如：

```
int i=1;
```

```
int j=++i;
System.out.print("i="+i);
System.out.print ("j="+j);
```

上面代码的运行结果为：i=2、j=2。在进行“j=++i”运算时，由于运算符++写在了变量 i 的前面，属于先自增再运算，因此 i 先进行自增运算，由原来的 1 变为 2，然后进行赋值运算，变量 j 的值就是 2，i 的值也是 2。

（2）后置运算，即运算符放在变量之后，如 i++、j--。变量先参与其他运算，然后增（减）1，即“先运算，后增减”。例如：

```
int i=1;
int j=i++;
System.out.print("i="+i);
System.out.print ("j="+j);
```

上面代码的运行结果为：i=2、j=1。在进行“j=i++”运算时，由于运算符++写在了变量 i 的后面，属于先运算再自增，因此 i 在参与赋值运算的时候值仍为 1，变量 j 的值为 1。变量 i 在参与运算之后会进行自增运算，因此 i 的值变为 2。

注意 自增、自减运算符不能用于常量和表达式。例如，5++、--(a+b)等都是非法的。

【例 2-4】编程实现计算器的基本算术计算功能。

【例题分析】

定义 4 个整型变量 a、b、c、d 并分别进行初始化，输出各种算术运算符的相应运算结果。

【程序实现】

```
public class Example2_4 {
    public static void main(String[] args) {
        int a = 10;
        int b = 20;
        int c = 25;
        int d = 25;
        System.out.println("a+b=" + (a + b));
        System.out.println("a-b=" + (a - b));
        System.out.println("a*b=" + (a * b));
        System.out.println("b/a=" + (b / a));
        System.out.println("b%a=" + (b % a));
        System.out.println("c%a=" + (c % a));
        System.out.println("a++=" + (a++));
        System.out.println("a--=" + (a--));
        System.out.println("d++=" + (d++));      // 查看 d++ 与 ++d 的不同
        System.out.println("++d=" + (++d));
    }
}
```

【运行结果】

```
a+b=30
a-b=-10
a*b=200
b/a=2
```

```
b%a=0
c%a=5
a++=10
a--=11
d++=25
++d=27
```

2.5.2 关系运算符与关系表达式

关系运算符用于比较两个操作数之间的关系。关系运算符计算的结果为逻辑值（布尔型的值）。如果满足关系，则表达式的值为真（true），否则为假（false）。常用的关系运算符如表 2-9 所示。

表 2-9 关系运算符

运算符	名称	用法	结合方向
>	大于	op1>op2	从左向右
<	小于	op1<op2	从左向右
>=	大于等于	op1>=op2	从左向右
<=	小于等于	op1<=op2	从左向右
==	等于	op1==op2	从左向右
!=	不等于	op1!=op2	从左向右

注意 （1）关系运算符的结果是布尔型的值。

（2）等于运算符“==”由两个等号组成，中间不能有空格，使用时注意不要和赋值运算符“=”混淆。

（3）“>”“>=”“<”“<=”只支持左右两边操作数是数值类型的。而“==”“!=”两边的操作数既可以是数值类型的，也可以是引用类型的。

【例 2-5】编程实现关系运算符的各种运算。

【例题分析】

定义 2 个整型变量 a、b 并分别进行初始化，输出关系运算符的相应运算结果。

【程序实现】

```
public class Example2_5 {
    public static void main(String[] args) {
        int a = 10;
        int b = 50;
        System.out.println("a == b = " + (a == b));
        System.out.println("a != b = " + (a != b));
        System.out.println("a > b = " + (a > b));
        System.out.println("a < b = " + (a < b));
        System.out.println("b >= a = " + (b >= a));
        System.out.println("b <= a = " + (b <= a));
    }
}
```

【运行结果】

```
a == b = false
a != b = true
a > b = false
a < b = true
b >= a = true
b <= a = false
```

2.5.3 逻辑运算符与逻辑表达式

微课 2-8
逻辑运算

编写程序时，如果一个条件比较复杂，就需要用逻辑运算符来表示。例如，要描述“x>=2”和“x<=10”两个条件同时成立或至少一个成立。其中，“同时”“至少一个”等运算称为逻辑运算。Java 提供的逻辑运算符如表 2-10 所示。

表 2-10 逻辑运算符

运算符	含义	用法	结合方向
&&	短路与	op1&&op2	从左向右
||	短路或	op1||op2	从左向右
!	非	!op1	从右向左
&	与	op1&op2	从左向右
|	或	op1|op2	从左向右

1. 逻辑运算符

Java 提供了 5 个逻辑运算符，可分为 3 种类型。

- 逻辑与（相当于“同时”“两个都”）：“&&”“&”。
- 逻辑或（相当于“或者”“至少一个”）：“||”“|”。
- 逻辑非（相当于“否定”）：!。

其中“&&”“&”“||”“|”是双目运算符，要求运算符两侧都有操作数。例如：

```
(a>=3)&&(a<=20)
(m>3)||(n<=12)
```

“!”是单目运算符，只要求有一个操作数。例如：

```
!(num>3)
```

2. 逻辑表达式

通过逻辑运算符将一个或多个表达式连接起来，组成的符合 Java 语言规则的式子称为逻辑表达式。例如：

```
(a<(b+c))&&(b<(a+c))&&(c<(a+b))
```

逻辑表达式也具有确定的值。若逻辑表达式成立，则该逻辑表达式的值为 true；若逻辑表达式不成立，则该逻辑表达式的值为 false。

3. 逻辑运算符的运算规则

（1）运算符“&”和“&&”都表示与操作，当且仅当运算符两边的操作数都为 true 时，结果才为 true，否则结果为 false。运算符“&”和“&&”在使用时有一定的区别，当使用“&”进行运算时，无论左边表达式的值为 true 还是 false，右边的表达式都会进行运算。如果使用“&&”进行运算，当左边表达式的值为 false 时，右边表达式的值将不会进行运算，因此“&&”表示短路与操作。

【例 2-6】编写程序验证“&&”与“&”运算符的区别。

【例题分析】

“&&”“&”都是逻辑与运算符，不同之处在于“&&”表示短路与操作，当左边的表达式值为 false 时，不再计算“&&”右边表达式的值。

【程序实现】

```
public class Example2_6 {
    public static void main(String[] args) {
        int x = 0;
        int y = 0;
        int z = 0;
        boolean a, b;
        a = x > 10 & ++y > 10;
        System.out.println(a);
        System.out.println("y=" + y);
        b = x > 10 && ++z > 10;
        System.out.println(b);
        System.out.println("z=" + z);
    }
}
```

【运行结果】

```
false
y=1
false
z=0
```

（2）运算符“|”和“||”都表示或操作，当运算符两边的操作数任何一边的值为 true 时，其结果为 true，当两边的值都为 false 时，其结果才为 false。和逻辑与运算符类似，“||”表示短路或操作，当运算符“||”左边表达式的值为 true 时，右边的表达式就不会进行计算，例如：

```
int x=0;
int y=0;
boolean b=x==0||y++>0
```

上面的代码块执行完毕，b 的值为 true，y 的值仍为 0。运算符“||”左边 x==0 结果为 true，右边的表达式不再进行运算，y 的值不变。

注意 数学中的“$2<a<10$”表示范围，在 Java 中不能写成“2<a<10”，应写成“2<a&&a<10”的形式。

2.5.4 赋值运算符与赋值表达式

由赋值运算符连接组成的表达式称为赋值表达式，最常用的是简单赋值运算符“=”，将赋值运算符右边表达式的运算结果赋给左边的变量。简单赋值运算符“=”是一个双目运算符，使用它的

语法格式如下:

```
变量类型  变量名 = 所赋的值;
```

赋值运算符“=”左边必须是一个变量，而右边所赋的值可以是任何数值或表达式，包括变量、常量或有效的表达式。例如:

```
int x=10;                //声明 int 型变量 x，并给 x 赋值 10
int y=5;                 //声明 int 型变量 y，并给 y 赋值 5
int z=x+y;               //声明 int 型变量 z，并将 x+y 的值赋值给 z
```

另外还有复合赋值运算符，即在简单赋值运算符之前添加一个双目运算符。常用的赋值运算符如表 2-11 所示。

表 2-11 赋值运算符

运算符	含义	用法	结合方向
=	赋值	op1=op2	从右向左
+=	加等于	op1+=op2	从右向左
-=	减等于	op1-=op2	从右向左
*=	乘等于	op1*=op2	从右向左
/=	除等于	op1/=op2	从右向左
%=	模等于	op1%=op2	从右向左

例如:

```
i=i+5;
```

可以用复合赋值运算符“+=”表示，写成一种简洁的格式:

```
i+=5;
```

赋值运算符的优先级比算术、关系和逻辑运算符低，即先求表达式的值，然后将表达式的值赋值给变量。

注意 在 Java 中可以把赋值运算符连在一起使用，例如:

```
int x,y,z;
x=y=z=10;
```

在这个语句中，变量 x、y、z 得到同样的值 10。赋值运算符的结合方向为从右向左，即先把 10 赋值给 z，再把 z 的值赋值给 y，最后把 y 的值赋值给 x。

2.5.5 条件运算符与条件表达式

由运算符“?”和“:”组成的表达式称为条件表达式。条件运算符是一个三目运算符，条件运算符的一般格式为:

```
表达式 1?表达式 2:表达式 3
```

其中，表达式 1 为布尔表达式，当表达式 1 的值为 true 时，则运算结果等于表达式 2 的值；否则运算结果为表达式 3 的值。例如:

```
int x=6,y=2,z;
```

```
z=x>y?x-y:x+y;
```

这里要计算 z 的值，首先判断“x>y”表达式的值，很明显，“x>y”表达式的值为 true，z 的值为 x-y，所以 z 的值为 4。

【例 2-7】编写程序，从键盘输入两个整数，使用条件运算符计算出两个整数的最大值，并输出。

【例题分析】

微课 2-9

两个数求最值

数据的输入需要借助于 Scanner 类，要定义一个变量 max 保存最大值，通过条件运算找出两个整数的最大值，并赋值给变量 max，最后输出 max 的值。

【程序实现】

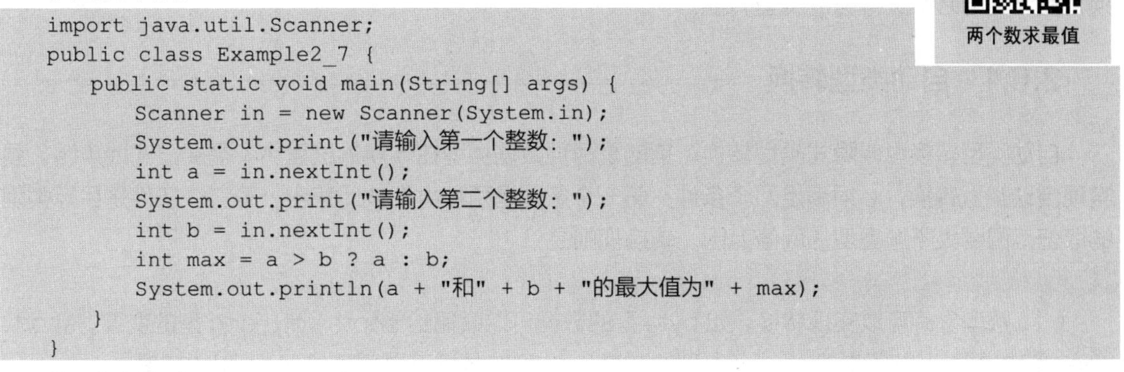

```
import java.util.Scanner;
public class Example2_7 {
    public static void main(String[] args) {
        Scanner in = new Scanner(System.in);
        System.out.print("请输入第一个整数: ");
        int a = in.nextInt();
        System.out.print("请输入第二个整数: ");
        int b = in.nextInt();
        int max = a > b ? a : b;
        System.out.println(a + "和" + b + "的最大值为" + max);
    }
}
```

【运行结果】

```
请输入第一个整数: 14
请输入第二个整数: 67
14 和 67 的最大值为 67
```

【案例 2-3】 数字反转

从键盘输入一个三位正整数 *n*，将 *n* 的个位、十位、百位倒序生成一个新数字并进行输出。例如，输入 521，则输出 125。

微课 2-10

数字反转

【案例分析】

对于一个三位正整数，将其个位、十位、百位倒序形成一个数，需要分别求出这个三位数的个位、十位、百位的数字，求出数字后将其倒序组合形成新数字。个位、十位、百位的数字的计算可以借助于除法和取模运算实现。

【程序实现】

```
import java.util.Scanner;
public class Reverse {
    public static void main(String[] args) {
        Scanner in = new Scanner(System.in);
        System.out.print("请输入一个三位正整数: ");
        int n = in.nextInt();
        int a = n / 100;                // 百位数字
        int b = n / 10 % 10;            // 十位数字
        int c = n % 10;                 // 个位数字
        System.out.println("倒序生成的数字为: " + (c * 100 + b * 10 + a));
    }
}
```

【运行结果】

```
请输入一个三位正整数：125
倒序生成的数字为：521
```

2.6 数据类型转换

类型转换是将变量从一种类型更改为另一种类型的过程。Java 对数据类型的转换有严格的规定，数据从占用存储空间较小的类型转变为占用存储空间较大且兼容的类型时，会进行自动类型转换；反之，则必须进行强制类型转换。

2.6.1 自动类型转换

自动类型转换也叫隐式类型转换，指的是两种数据类型在转换的过程中不需要显式地声明。要实现自动类型转换，必须满足两个条件：第一个条件是两种类型彼此兼容，第二个条件是目标类型的取值范围要大于源类型的取值范围。转换规则是：

```
byte、short、char->int->long->float->double
```

（1）整型之间可以实现转换，如 byte 型的数据可以赋值给 short、int、long 型的变量，short、char 型的数据可以赋值给 int、long 型的变量，int 型的数据可以赋值给 long 型的变量。

（2）整型转换为 float 型，如 byte、short、int 型的数据可以赋值给 float 型的变量。

（3）其他类型转换为 double 型，如 byte、char、short、int、long、float 型的数据可以赋值给 double 型的变量。

（4）整型转换为 char 型，0～65535 的整型数据可以赋值给 char 型的变量，因为在计算机中存放的是 char 类型数据 ASCII 值。

例如：

```
byte x=10;
int y=x;                //将 byte 型变量 x 的值转换成 int 型并赋值给变量 y
double d=3.14f;         //将 float 型数据 3.14 转换成 double 型并赋值给变量 d
char ch=97;             //等价于 char ch='a';
```

2.6.2 强制类型转换

强制类型转换也称为显式类型转换，指的是两种数据类型之间的转换需要进行显式的声明。当两种类型彼此不兼容或者目标类型取值范围小于源类型取值范围时，无法进行自动类型转换，这时就需要进行强制类型转换。

强制类型转换的语法格式如下：

```
目标类型  变量名=(目标类型)值;
```

例如：

```
int x=12;
byte b=(byte)x;
int a=(int)124.56;
long y=(long)78.23F;
```

需要注意的是，在对变量进行强制类型转换时，会发生取值范围较大的数据类型向取值范围较小的数据类型转换的情况，如将一个 int 型的变量转换为 byte 型，这样做很容易使这些变量的值超出目标类型的取值范围，造成数据溢出。

注意　（1）boolean 型的值不能被转换为其他数据类型，其他数据类型也不能转换为 boolean 型。

（2）变量在表达式中进行运算时，也有可能发生自动类型转换，这就是表达式数据类型的自动提升。如一个 byte 型的变量在运算期间会自动提升为 int 型。例如：

```
byte x=12;
byte y=10;
byte z=(byte)(x+y);
```

在上面的例子进行 x+y 运算期间，变量 x 和 y 都被自动提升为 int 型，表达式的运算结果就变成了 int 型，这时如果将结果直接赋值给 byte 型变量会报错，需要进行强制类型转换。

借用 Java 的基本数据类型和基本的运算符可以解决一般的数学运算问题，但是也可能存在运算结果“不够精确”的问题。比如以下代码：

```
double d = 1.0-0.66;
System.out.println(d);
```

执行结果是 0.33999999999999997，这是由于 double 型的数据出现了“精度失真”的问题。如果在要求数值很精确的情况下，最好使用 Java 中的 BigDecimal 等封装类来进行计算。这要看软件业务的实际需求和应用场景。因此，读者在编程实践中要尊重事实，养成科学严谨的编程习惯和脚踏实地、精益求精的工匠精神。

模块小结

本模块介绍了学习 Java 所需的基础知识。首先介绍了 Java 语言的基本语法，常量、变量的定义，然后介绍了 Java 的基本数据类型以及一些常见运算符的使用，最后介绍了数据类型转换的两种方式。通过本模块的学习，读者应掌握 Java 程序的基本语法、变量和运算符的使用方法，并能够应用这些基础知识解决现实问题。本模块的知识点如图 2-2 所示。

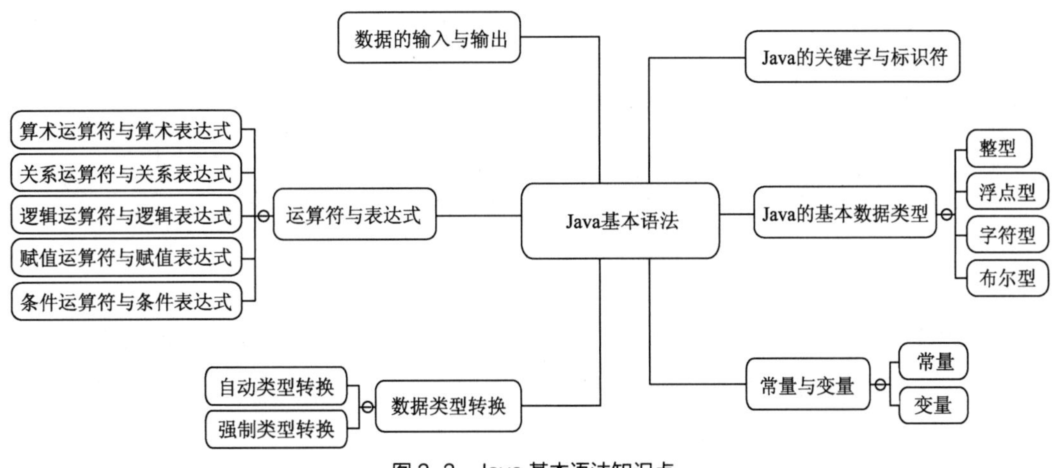

图 2-2　Java 基本语法知识点

自我检测

一、选择题

1. 下列哪个叙述是正确的？（　　）
   A. 5.0/2+10 的结果是 double 型数据　B. (int)5.8+1.0 的结果是 int 型数据
   C. '你'+'好'的结果是 char 型数据　D. (short)10+'a'的结果是 short 型数据
2. 下面哪个单词是 Java 语言的关键字？（　　）
   A. Double　B. int　C. string　D. bool
3. 下面哪个是 Java 语言中正确的标识符？（　　）
   A. byte　B. $x　C. 125x　D. ..cn
4. 在 Java 中，整型常量不可以是（　　）型的。
   A. double　B. long　C. int　D. byte
5. 下面哪条语句能定义字符型变量 chr？（　　）
   A. char chr='abcd';　B. char chr='\uabcd';
   C. char chr="abcd";　D. char chr=\uabcd;
6. 下面哪条语句不能定义 float 型变量 f1？（　　）
   A. float f1= 5.24E10f;　B. float f1=3.14;
   C. float f1=10.567F;　D. float f1=5.23f;
7. 语句 byte b=011;System.out.println(b);的输出结果为（　　）。
   A. B　B. 11　C. 9　D. 011
8. 执行下面的代码段后，i 和 j 的值分别是（　　）。

```
int i=1;
int j;
j=i++;
```

   A. 1,1　B. 1,2　C. 2,1　D. 2,2
9. 下面的语句执行后，输出结果是（　　）。

```
System.out.println((5>3)?10:20);
```

   A. 10　B. 20　C. 5　D. 3
10. 下面的代码段执行后，输出结果是（　　）。

```
System.out.print(100%3);
System.out.print(",");
System.out.print(100%3.0);
```

   A. 1.0,1　B. 1,1　C. 1,1.0　D. 1.0,1.0
11. 下面的代码段执行后，输出结果是（　　）。

```
int x=30,y=40;
boolean b;
b=x>50&&y>60||x>50&&y<-60||x<-50&&y>60||x<-50&&y<-60;
System.out.println(b);
```

   A. true　B. false　C. 1　D. 0

12. 若有 a=13、b=5，表达式 a++%b 的值是（　　）。
    A. 0　　B. 1　　C. 3　　D. 4

13. 下列说法中不正确的是（　　）。
    A. 一个表达式可以作为其他表达式的操作数
    B. 单个变量或常量也是表达式
    C. 表达式中各操作数的数据类型必须相同
    D. 表达式的类型可以和操作数的类型不相同

14. 对下面的赋值语句描述正确的是（　　）。

```
int  x=(int)12345.6;
```

    A. 编译出错　　B. 正确赋值，x 的值为 12345
    C. 正确赋值，x 的值为 12345.6　　D. 正确赋值，x 的值为 12346

15. Java 语言中，定义常量的关键字是（　　）。
    A. final　　B. #define　　C. float　　D. const

16. 数学算式 $x \geqslant y \geqslant z$，使用 Java 语言表达式（　　）表示。
    A. (x>=y)&&(y>=z)　　B. (x>=y)and(y>=z)
    C. x>=y>=z　　D. x>=y||y>=z

二、编程题

1. 编写一个程序，从键盘输入长方形的长和宽，计算长方形的面积和周长，并输出。
2. 编写一个程序，从键盘输入 3 个整型数据，计算这 3 个整型数据的和及平均值并输出。
3. 计算一元二次方程 $x^2+2x-3=0$ 的两个根。

自我评价

技能目标	熟练掌握 Java 的基本语法，基本数据类型，变量的定义，运算符的使用，数据的输入、输出，数据类型的转换			
程序员综合素养自我评价	需求分析能力	编码规范化	软件测试能力	团队协作能力

模块3 Java程序的流程控制

学习目标（含素养要点）：

- 掌握常用的流程控制结构的应用。
- 掌握分支结构的使用（价值观和文化素养）。
- 掌握循环结构的使用（工匠精神）。
- 掌握方法的定义与应用（职业素养）。

流程控制对于任何一种编程语言来说都是至关重要的，它提供了控制程序步骤的基本手段。如果没有流程控制语句，整个程序将按照线性的顺序来执行，不能根据用户的输入决定执行的序列。本模块将介绍 Java 语言中的流程控制语句。

3.1 程序的基本结构

一般来说，程序的基本结构包含 3 种：顺序结构、分支结构、循环结构。这 3 种结构有一个共同点，就是它们都只有一个入口，也只有一个出口。这些单一入、出口可以让程序易读、好维护，也可以减少调试的时间。现在以流程图的方式来介绍这 3 种结构的不同。

1．顺序结构

本书前面所讲的那些例子采用的都是顺序结构，程序自上而下逐行执行，一条语句执行完之后继续执行下一条语句，一直到程序的末尾，如图 3-1 所示。

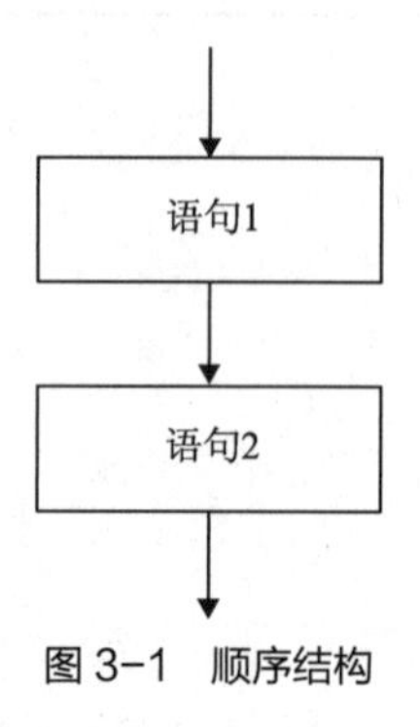

图 3-1　顺序结构

顺序结构在程序设计中是最常使用到的结构，在程序中扮演了非常重要的角色，大部分程序都是依照这种由上而下的流程来设计的。

2. 分支结构

分支结构（也称为选择结构）是根据条件的成立与否决定要执行哪些语句的一种结构，如图 3-2 所示。

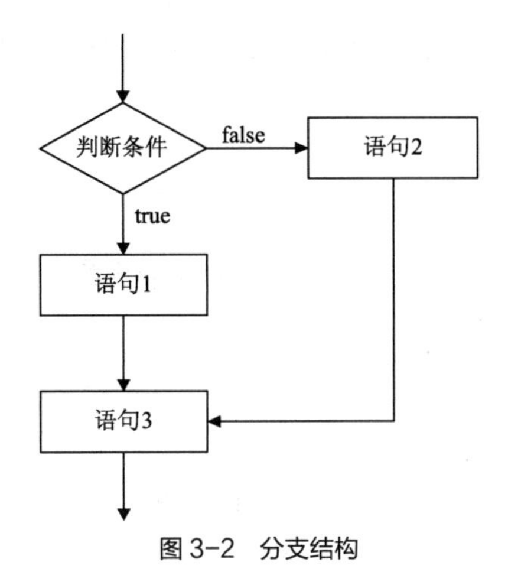

图 3-2 分支结构

当判断条件为 true 时，则运行“语句 1”；当判断条件为 false 时，则执行“语句 2”。不论执行哪一条语句，最后都会执行“语句 3”。

3. 循环结构

循环结构根据循环条件的成立与否决定程序段落是否执行。当循环条件为真时，执行的语句块称为循环主体。一般的循环结构如图 3-3 所示。

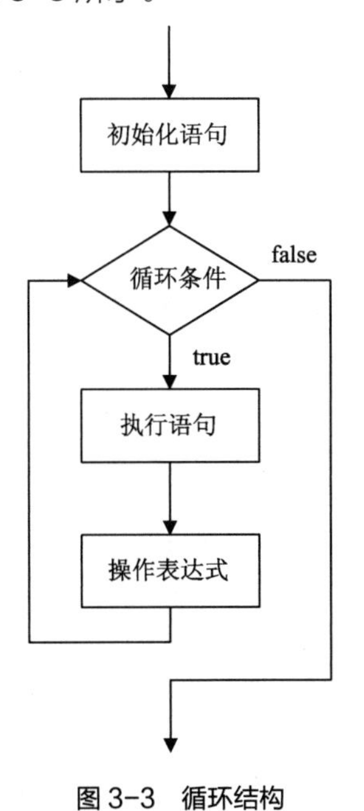

图 3-3 循环结构

3.2 分支结构

分支结构就是对语句中条件的值进行判断，进而根据不同的条件值执行不同的语句。分支结构分为 if 单分支结构、if-else 双分支结构、if-else if-else 多分支结构以及 switch 多分支结构。下面对这几类分支结构一一进行介绍。

3.2.1 if 单分支结构

if 单分支结构用于对某种条件做出相应的处理，如果满足条件，就执行相应的操作。if 语句的具体语法格式如下：

```
if(判断条件){
   执行语句
}
```

上述语法格式中，判断条件是布尔型的，当判断条件为 true 时，执行语句才会执行。如果执行语句只有一条语句，那么花括号可以省略。if 单分支结构如图 3-4 所示。

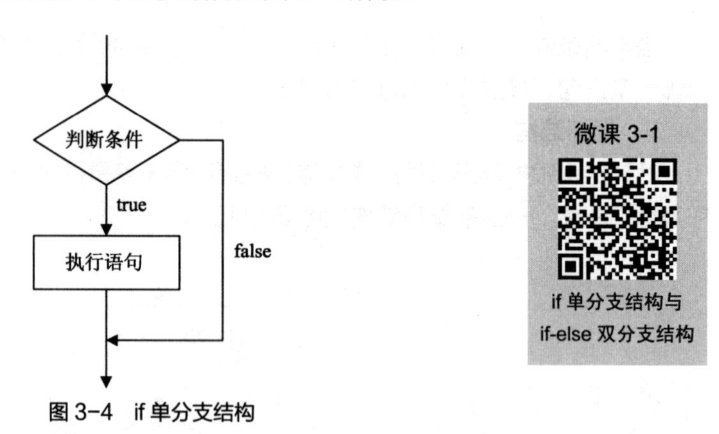

图 3-4 if 单分支结构

【例 3-1】比较两个整数的大小，然后将它们按照从大到小的顺序保存并输出。

【例题分析】

比较两个整数 a、b 的大小，如果 a<b，则把 a 与 b 的值交换，否则 a 与 b 的值不变。最终，将较大的整数保存在 a 中，较小的整数保存在 b 中。

【程序实现】

```
public class Example3_1 {
   public static void main(String[] args) {
      int a=2,b=5;
      if(a<b) {
         int t;
         t=a;
         a=b;
         b=t;
      }
      System.out.println("从大到小排序后的结果为: "+a+","+b);
   }
}
```

【运行结果】

```
从大到小排序后的结果为：5,2
```

3.2.2 if-else 双分支结构

if-else 双分支结构是分支结构中最通用的结构之一，它会针对某种条件有选择地进行处理，通常表现为“如果满足某种条件，就进行某种处理，否则就进行另一种处理”。if-else 语句的具体语法格式如下：

```
if（判断条件）{
    执行语句 1
}else{
    执行语句 2
}
```

上述语法格式中，判断条件是布尔型的。当判断条件为 true 时，执行语句 1 会执行。当判断条件为 false 时，执行语句 2 会执行。如果执行语句 1 或执行语句 2 包含一条语句，那么它外面的花括号可以省略。if-else 双分支结构如图 3-5 所示。

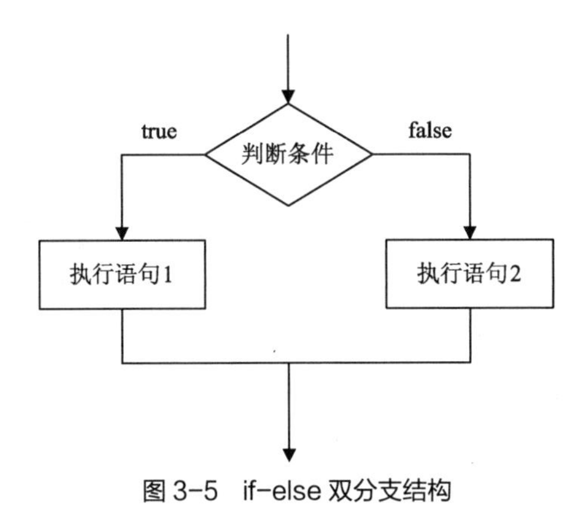

图 3-5 if-else 双分支结构

【例 3-2】对两个整数进行大小比较，输出较大的数。

【例题分析】

对两个数的大小比较可使用基本的比较运算符实现，借用 if-else 双分支结构实现比较过程，将较大的数保存到第 3 个变量中。

【程序实现】

```
public class Example3_2 {
    public static void main(String[] args) {
        int x = 0, y = 1;
        int max;
        if (x > y) {
            max = x;
        } else {
            max = y;
        }
        System.out.println("较大的数是：" + max);
```

```
    }
}
```

【运行结果】

```
较大的数是：1
```

用 if-else 双分支结构实现的功能也可以用前面所学的条件运算符实现，上述代码中的 if-else 双分支结构可以使用下面的三目表达式来代替。

```
int max=x>y?x:y;
```

3.2.3 if-else if-else 多分支结构

if-else if-else 多分支结构用于针对某一事件的多种情况进行处理，通常表现为“如果满足某种条件，则进行某种处理；如果满足另一种条件，则进行另一种处理”。if-else if-else 多分支结构的具体语法格式如下：

微课 3-2

if-else if-else 多分支结构与 switch 多分支结构

```
if(判断条件 1){
    执行语句 1
}else if(判断条件 2){
    执行语句 2
}
...
else if(判断条件 n){
    执行语句 n
}else{
    执行语句 n+1
}
```

上述语法格式中，判断条件是布尔型的。当判断条件 1 为 true 时，会执行语句 1。当判断条件 1 为 false 时，会继续执行判断条件 2。如果判断条件 2 为 true，则会执行语句 2，依次类推。如果所有的判断条件都为 false，则意味着所有条件均未满足，会执行语句 n+1。如果执行语句只包含一条语句，那么它外面的花括号可以省略。if-else if-else 多分支结构如图 3-6 所示。

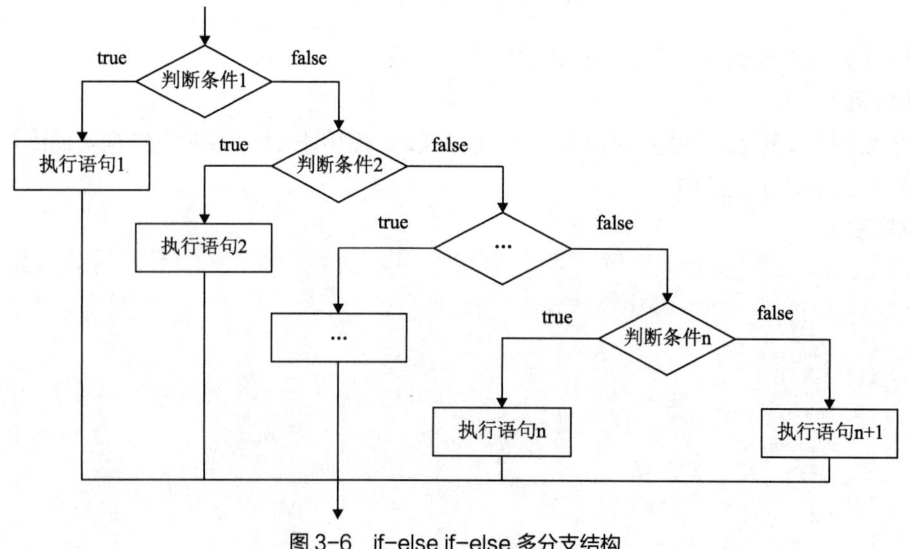

图 3-6 if-else if-else 多分支结构

【例 3-3】对一个学生的考试成绩进行等级划分，如果分数大于 80 分，成绩等级为优；如果分数大于 70 分，成绩等级为良；如果分数大于 60 分，成绩等级为中；否则，成绩等级为差。

【例题分析】

学生的成绩可划分为优、良、中、差 4 个等级，因此，需要根据学生的成绩进行多次判断来确定学生的成绩等级。

【程序实现】

```
public class Example3_3 {
    public static void main(String[] args) {
        int grade=75;
        if(grade>80) {
            System.out.println("成绩等级为优");
        }
        else if(grade>70) {
            System.out.println("成绩等级为良");
        }
        else if(grade>60) {
            System.out.println("成绩等级为中");
        }
        else {
            System.out.println("成绩等级为差");
        }
    }
}
```

【运行结果】

```
成绩等级为良
```

3.2.4 switch 多分支结构

switch 多分支结构也是一种很常用的分支结构。和使用 if 的分支结构不同，它只能针对某个表达式的值做出判断，从而决定程序执行哪一段代码。switch 多分支结构的具体语法格式如下：

```
switch(表达式){
    case 目标值 1:
        执行语句 1
        break;
    case 目标值 2:
        执行语句 2
        break;
    …
    case 目标值 n:
        执行语句 n
        break;
    default:
        执行语句 n+1
        break;
}
```

在上面的语法格式中，switch 多分支结构将表达式的值与每个 case 后的目标值进行匹配，如果找到了匹配的目标值，会执行对应的执行语句。

switch 多分支结构的使用说明如下。

1. switch

switch 关键字表示“开关”，其后面的表达式的值可以是 byte、short、int 和 char 型，JDK 1.7 及以后的版本中表达式的值也可以是 String 型。

2. case

case 是一个与 switch 表达式的值相对应的常量，case 语句可以有多个，且顺序可以改变，当 switch 表达式的值与 case 后面的常量相等时，其后的代码块将会被执行。

3. default

当 case 后面的常量与 switch 表达式的值都不相等时，就会执行 default 语句，default 语句通常放在 switch 多分支结构末尾，可省略不写。为了增强程序的容错性，建议读者在编写程序时使用该语句，养成规范化、标准化的代码编写习惯。

4. break

break 的作用是跳出当前的 switch 多分支结构。如果没有 break 语句，其后的 case 语句也将被一一执行。

【例 3-4】使用 1~7 来表示星期一到星期日，根据输入的数字来输出对应中文格式的星期值。

【例题分析】

在 switch 语句中，可以使用 switch 关键字来描述一个表达式，使用 case 关键字来描述和表达式匹配的目标值。当表达式的值和某个目标值匹配时，会执行对应 case 语句下的语句。

【程序实现】

```
import java.util.Scanner;
public class Example3_4 {
    public static void main(String[] args) {
        System.out.println("请输入一个数字（1~7）：");
        Scanner input=new Scanner(System.in);
        int week=input.nextInt();
        switch(week) {
        case 1:
            System.out.println("星期一");
            break;
        case 2:
            System.out.println("星期二");
            break;
        case 3:
            System.out.println("星期三");
            break;
        case 4:
            System.out.println("星期四");
            break;
        case 5:
            System.out.println("星期五");
            break;
        case 6:
            System.out.println("星期六");
```

```
            break;
        case 7:
            System.out.println("星期日");
            break;
        default:
            System.out.println("输入的数字不正确");
            break;
        }
    }
}
```

【运行结果】

```
请输入一个数字（1~7）:
5
星期五
```

对于上面的例题，如果去掉所有的“break;”语句，当用户输入“1”时，程序会执行所有的“System.out.println()”语句。

3.2.5 分支结构的嵌套

分支结构的嵌套就是指在分支结构的子句中又包含一个或多个分支结构，这样的结构一般用在比较复杂的程序中，例如下面的分支嵌套结构：

微课 3-3

分支结构的嵌套

```
if(判断条件 1) {
    if(判断条件 2) {
        执行语句 1
    }else {
        执行语句 2
}
}else{
    if(判断条件 3){
        执行语句 3
    }else{
        执行语句 4
    }
}
```

上面的分支嵌套结构如图 3-7 所示。

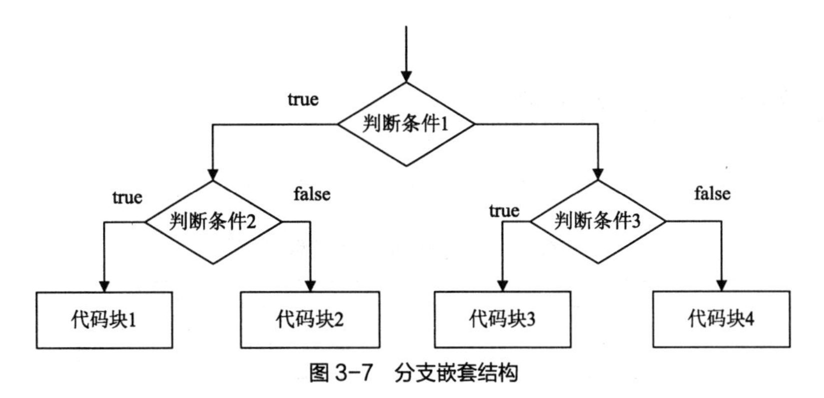

图 3-7　分支嵌套结构

【例 3-5】判断用户给定的年份是闰年还是平年。

【例题分析】

闰年(leap year)是为了弥补因人为历法规定造成的年度天数与地球实际公转周期的时间差而设立的。补上时间差的年份为闰年。闰年共有 366 天(1 月~12 月分别为 31 天、29 天、31 天、30 天、31 天、30 天、31 天、31 天、30 天、31 天、30 天、31 天)。

闰年可分为世纪闰年和普通闰年，1582 年以来的置闰规则如下。

世纪闰年：公历年份是整百数的，且必须是 400 的倍数才是世纪闰年(如 1900 年不是闰年，2000 年是世纪闰年)。

普通闰年：公历年份是 4 的倍数，且不是 100 的倍数的，为普通闰年(如 2004 年、2020 年等就是普通闰年)。

【程序实现】

```
import java.util.Scanner;
public class Example3_5 {
    public static void main(String[] args) {
        System.out.println("请输入一个年份:");
        Scanner input = new Scanner(System.in);
        int year = input.nextInt();
        if (year % 400 == 0) {
            System.out.println(year + "是闰年。");
        } else {
            if (year % 4 == 0 && year % 100 != 0) {
                System.out.println(year + "是闰年。");
            } else
                System.out.println(year + "不是闰年。");
        }
    }
}
```

【运行结果】

```
请输入一个年份:
2000
2000 是闰年。
```

对于上面的例题，也可以借用 if-else if-else 多分支结构实现。

对于使用分支结构的程序，在进行测试时，读者要选择合适的测试用例，确保每一个分支语句都被测试，从而保证程序的正确性。

【案例 3-1】 分时问候

按照人们的生活习惯，一般粗略地把一天分为表 3-1 所示的几个时间段。

表 3-1 一天中的时间段划分

时间段	[0, 6]	[6,9]	[9,12]	[12,18]	[18,22]	[22,24]
含义	凌晨	早晨	上午	下午	晚上	深夜

在不同的时间段，人们之间的问候也是不同的。请根据用户输入的时间，编程完成分时问候的程序。

【案例分析】

用户输入的时间不同，程序要给出的问候也不同，即存在多种选择或分支的情况。因此，可以使用分支结构来实现分时问候的程序。

【程序实现】

```
import java.util.Scanner;
public class Task01 {
    public static void main(String[] args) {
        Scanner input = new Scanner(System.in);
        System.out.println("请输入时间: ");
        int hour = input.nextInt();
        if (hour < 6) {
            System.out.println("真早啊! 三更灯火五更鸡，正是男儿读书时。");
        } else if (hour < 9) {
            System.out.println("早上好! 一年之计在于春，一日之计在于晨。");
        } else if (hour < 12) {
            System.out.println("上午好! 长风破浪会有时，直挂云帆济沧海。加油! ");
        } else if (hour < 18) {
            System.out.println("下午好! 及时当勉励，岁月不待人。继续! ");
        } else if (hour < 22) {
            System.out.println("晚上好! 有余力，则学文。业余充电! ");
        } else {
            System.out.println("深夜要休息了! 一张一弛，文武之道也。");
        }
    }
}
```

【运行结果】

```
请输入时间:
9
上午好! 长风破浪会有时，直挂云帆济沧海。加油!
```

【案例 3-2】 简单计算器

编写一个简单计算器程序，实现指定数据的加法、减法、乘法、除法运算。程序执行后，输出数据进行相应运算后的结果。简单计算器效果如图 3-8 所示。

```
请输入第一个运算数:
3
请输入运算符:
+
请输入第二个运算数:
2
3.0+2.0=5.0
```

图 3-8 简单计算器效果

【案例分析】

加法、减法、乘法、除法是程序中常用的 4 种算术运算，用户可以通过输入数据与算术运算符“+”“-”“*”“/”构建算术表达式来实现。程序根据用户的输入进行运算的选择，从而得到运算结果。

【程序实现】

```
import java.util.Scanner;
public class Task3_2 {
    public static void main(String[] args) {
        Scanner input=new Scanner(System.in);
        System.out.println("请输入第一个运算数：");
        double number1=input.nextDouble();
        System.out.println("请输入运算符：");
        char operator=input.next().charAt(0);
        System.out.println("请输入第二个运算数：");
        double number2=input.nextDouble();
        switch(operator) {
        case '+':
            System.out.println(number1+"+"+number2+"="+(number1+number2));
            break;
        case '-':
            System.out.println(number1+"-"+number2+"="+(number1-number2));
            break;
        case '*':
            System.out.println(number1+"*"+number2+"="+(number1*number2));
            break;
        case '/':
            if(number2!=0) {
                System.out.println(number1+"+"+number2+"="+(number1/number2));
            }
            else {
                System.out.println("除数不能为 0");
            }
            break;
        default:
            System.out.println("运算符输入有误！");
            break;
        }
    }
}
```

【运行结果】

```
请输入第一个运算数：
3
请输入运算符：
+
请输入第二个运算数：
2
3.0+2.0=5.0
```

3.3 循环结构和跳转语句

循环结构是在满足一定条件下使某一段代码重复执行的结构，被重复执行的代码称为循环体。Java 中提供了 3 种常用的循环结构，分别是 while 循环、do-while 循环和 for 循环，下面分别对这 3 种循环结构，以及改变循环执行流程的 break、continue 语句进行介绍。

3.3.1 while 循环

while 循环与 3.2 节讲到的分支结构有些相似，根据循环条件来决定是否执行花括号内的执行语句。区别在于，while 循环会反复地进行条件判断，只要循环条件成立，执行语句就会执行，直到循环条件不成立，while 循环结束。while 循环的语法格式如下：

微课 3-4

while 循环与 do-while 循环

```
while(循环条件){
    执行语句
}
```

在上面的语法格式中，执行语句称作循环体，循环体是否执行取决于循环条件。当循环体只包含一条语句时，花括号可以省略。当循环条件为 true 时，就会执行循环体。循环体执行完毕会继续判断循环条件，如果循环条件仍为 true，则会继续执行，直到循环条件为 false，整个循环过程才会结束。

while 循环如图 3-9 所示。

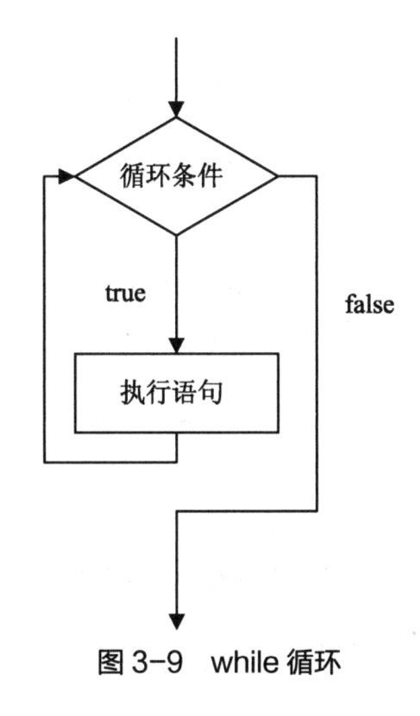

图 3-9　while 循环

【例 3-6】利用 while 循环，计算 1~100 的和。

【例题分析】

这是典型的“累加和”问题。这里要计算“1+2+…+100”的值，可以用 i 表示下一个要加的数，用 sum 表示累加和，然后利用 while 循环来求累加和，当 i 的值超过 100 时，循环结束。

【程序实现】

```
public class Example3_6 {
    public static void main(String[] args) {
        int i=1,sum=0;
```

```
        while(i<=100) {
            sum+=i;
            i++;
        }
        System.out.println("1~100 的和为: "+sum);
    }
}
```

【运行结果】

```
1~100 的和为: 5050
```

3.3.2 do-while 循环

do-while 循环和 while 循环功能类似，其语法格式如下：

```
do{
    执行语句
}while(循环条件);
```

在上面的语法格式中，关键字 do 后面的执行语句是循环体。当循环体只包含一条语句时，花括号可以省略。do-while 循环将循环条件放在了循环体的后面，这就意味着，循环体会无条件执行一次，然后根据循环条件来决定是否继续执行。

do-while 循环如图 3-10 所示。

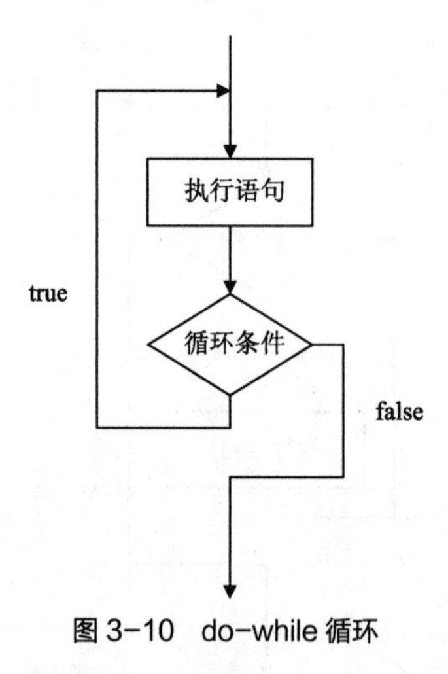

图 3-10　do-while 循环

【例 3-7】利用 do-while 循环，计算 1~100 的和。

【例题分析】

利用 do-while 循环计算累加和，需要将循环体放到循环条件之前，先执行循环体，再进行循环条件的判断，直到 i 超过 100 时停止循环。

【程序实现】

```
public class Example3_7 {
    public static void main(String[] args) {
        int i=1,sum=0;
        do {
            sum+=i;
```

```
            i++;
        }while(i<=100);
        System.out.println("1~100 的和为: "+sum);
    }
}
```

【运行结果】

```
1~100 的和为: 5050
```

我们分别利用 while 循环和 do-while 循环实现了计算 1~100 的值，那么，这两种循环结构有什么区别呢？下面通过实例来介绍 while 循环与 do-while 循环的区别。

【例 3-8】在下面的程序中分别编写了 while 循环与 do-while 循环两种循环结构，请分析这两种循环结构的执行结果，体会其区别。

```
public class Example3_8 {
    public static void main(String[] args) {
        int number=100;
        while(number==60) {
            System.out.println("执行 while 循环");
        }
        do {
            System.out.println("执行 do-while 循环");
        }while(number==60);
    }
}
```

【运行结果】

```
执行 do-while 循环
```

从运行结果可以看出，在 while 循环中，由于条件表达式的值为 false，因此没有执行循环体中的内容；而在 do-while 循环中，先执行一遍循环体，再判断条件表达式的值。因此，在同样的循环条件下，while 循环与 do-while 循环的运行结果是不同的。

3.3.3 for 循环

for 循环是 Java 程序设计中最常用的循环结构之一，一般用在循环次数已知的情况下。for 循环的语法格式如下：

微课 3-5

for 循环

```
for(初始化表达式;循环条件;操作表达式){
    执行语句
}
```

在上面的语法格式中，for 关键字后面圆括号中包括 3 部分——初始化表达式、循环条件和操作表达式，它们之间用分号分隔，花括号中的执行语句为循环体。当循环体只有一条语句时，花括号可以省略。

接下来分别用①表示初始化表达式、②表示循环条件、③表示操作表达式、④表示循环体，通过序号来具体分析 for 循环的执行流程。具体如下。

```
for(①;②;③){
    ④
}
```

第 1 步，执行①。

第 2 步，执行②。如果判断结果为 true，执行第 3 步；如果判断结果为 false，执行第 5 步。

第 3 步，执行④。

第 4 步，执行③，然后重复执行第 2 步。

第 5 步，退出循环。

for 循环如图 3-11 所示。

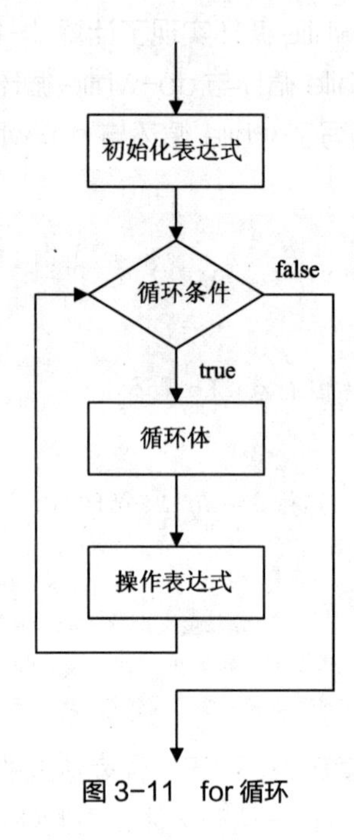

图 3-11　for 循环

【例 3-9】利用 for 循环，计算 1~100 的和。

【例题分析】

利用 for 循环求累加和，可以将初始化语句、循环条件、操作表达式紧密地组织在一起，程序结构简洁、明了。

【程序实现】

```
public class Example3_9 {
    public static void main(String[] args) {
        int sum=0;
        for(int i=1;i<=100;i++) {
            sum+=i;
        }
        System.out.println("1~100 的和为: "+sum);
    }
}
```

【运行结果】

```
1~100 的和为: 5050
```

for 循环中，初始化表达式、循环条件、操作表达都可以为空表达式，但此时分号不能省略。对于上面的循环可以写为：

```
int i=1;
for(;i<=100; i++) {
}     sum+=i;
```

综合分析 Java 实现循环的 3 种结构，while 和 do-while 循环在循环次数未知的情况下更常使用，for 循环在循环次数已知的情况下编写程序更容易。但无论使用哪种循环结构，要注意正确的语法格式和编码规范。例如，Java 语句的结束标志是分号，有的读者滥用分号，造成了循环的不正确执行。

代码块 1：

```
int i,sum=0;
for(i=1;i<=100;i++){
    sum+=i;
}
System.out.println(sum);
```

代码块 2：

```
int i,sum=0;
for(i=1;i<=100;i++); {
    sum+=i;
}
System.out.println(sum);
```

代码块 1 的执行结果是 5050，而代码块 2 的执行结果是 101。对比两个代码块的不同之处可以发现，代码块 2 的 for 语句后使用了分号。读者在编写程序时要养成测试的习惯，做到细致认真、精益求精，养成良好的编码习惯。

3.3.4 break 和 continue 语句

break 和 continue 语句用于实现循环过程中程序流程的跳转，下面对这两种跳转语句进行详细介绍。

微课 3-6

break 和 continue 语句

1. break 语句

在前面介绍 switch 多分支结构时已经使用过 break 语句，用 break 语句跳出当前的 switch 多分支结构，终止下面 case 语句的执行。实际上，break 语句还可以应用在 for、while 和 do-while 循环中，用于强行退出本层循环，也就是忽略循环体中任何其他语句和循环条件。

【例 3-10】 累加计算 1+2+3+4+…+100，当累加值超过 1000 时，停止累加。

【例题分析】

在求累加和的过程中，需要判断累加和是否超过 1000，如果超过 1000，则利用 break 语句跳出循环。

【程序实现】

```
public class Example3_10 {
    public static void main(String[] args) {
        int sum=0;
        for(int i=1;i<=100;i++) {
            sum+=i;
```

```
            if(sum>1000) {
                System.out.println("i="+i+" sum="+sum);
                break;
            }
        }
    }
}
```

【运行结果】

```
i=45 sum=1035
```

2. continue 语句

continue 语句只能应用在 for、while 和 do-while 循环中，用于让程序直接跳过其后面的语句，进行下一次循环。

【例 3-11】对 1~100 的奇数进行求和。

【例题分析】

求 1~100 所有奇数的累加和，在循环过程中需要对数据的奇偶性进行判断，如果数据为偶数，则跳过本次循环，进行下一次循环。

【程序实现】

```
public class Example3_11 {
    public static void main(String[] args) {
        int sum=0;
        for(int i=1;i<=100;i++) {
            if(i%2==0)
                continue;
            sum+=i;
        }
        System.out.println("1~100 所有奇数的和为"+sum);
    }
}
```

【运行结果】

```
1~100 所有奇数的和为 2500
```

3.3.5 循环结构的嵌套

循环结构的嵌套是指一个循环体内又包含另一个循环结构。嵌套在内部的循环体中还可以嵌套循环结构，这就构成了多重循环。嵌套的层数不要过多，嵌套层数过多会使程序变得不容易读懂。

3 种循环结构可以相互嵌套，如下面几种循环嵌套的形式。

1. while 循环嵌套 while 循环

while 循环体中可以包含另外一个 while 循环语句，如下所示。

```
while(循环条件 1){
    …
    while(循环条件 2){
        …
    }
}
```

2. while 循环嵌套 for 循环

while 循环体中也可以包含一个 for 循环语句，如下所示。

```
while(循环条件 1){
    …
    for(初始化表达式 1; 循环条件 2; 操作表达式 1){
        …
    }
}
```

3. for 循环嵌套 for 循环

for 循环体中可以包含另外一个 for 循环语句，如下所示。

```
for(初始化表达式 1; 循环条件 1; 操作表达式 1 ){
    for(初始化表达式 2; 循环条件 2; 操作表达式 2){
        …
    }
}
```

【例 3-12】输出图 3-12 所示的图形。

```
*****
*****
*****
*****
*****
```

图 3-12　例 3-12 效果

【例题分析】

图 3-12 所示为 5 行 5 列的星号矩形，可以利用两层循环嵌套来进行输出控制，外层循环控制行数，内层循环控制列数。

【程序实现】

```
public class Example3_12 {
    public static void main(String[] args) {
        for(int i=1;i<=5;i++) {
            for(int j=1;j<=5;j++) {
                System.out.print("*");
            }
            System.out.println();
        }
    }
}
```

【运行结果】

```
*****
*****
*****
*****
*****
```

【例 3-13】输出图 3-13 所示的图形。

```
*
**
***
****
*****
```

图 3-13 例 3-13 效果

【例题分析】

图 3-13 所示为 5 行星号三角形，每一行的星号个数虽然不同但是很有规律，第 *n* 行正好有 *n* 个星号，因此可以利用两层循环嵌套来进行输出控制，外层循环控制行数，内层循环控制每行的星号个数。

【程序实现】

```
public class Example3_13 {
    public static void main(String[] args) {
        for (int i = 1; i <= 5; i++) {
            for (int j = 1; j <= i; j++) {
                System.out.print("*");
            }
            System.out.println();
        }
    }
}
```

【运行结果】

```
*
**
***
****
*****
```

3.4 方法

方法是 Java 中已命名的代码块，如我们在前面一直使用的 main()方法。在其他编程语言中，这个代码块也称为函数。

微课 3-7

方法的定义与调用

方法是程序的重要组成部分，利用方法可以更好地实现代码的重用。下面将对方法的定义与相关使用方法进行介绍。

1. 方法的定义与调用

方法就是一段可以重复调用的代码。例如，有某段长度约 100 行的代码，要在多个地方使用此段代码，如果在各个地方都重复编写此段代码，肯定会比较麻烦，所以此时可以将此段代码定义成一个方法，以供程序反复调用。

在 Java 中，定义一个方法的具体语法格式如下：

```
修饰符 返回值类型 方法名([参数类型 参数名 1,参数类型 参数名 2,…]){
    执行语句
    …
    [return 返回值;]
}
```

对于上面的语法格式的具体说明如下。

（1）修饰符：方法的修饰符比较多，有对访问权限进行限定的，有静态修饰符 static，还有最终修饰符 final 等。

（2）返回值类型：用于限定方法返回值的数据类型。

（3）参数类型：用于限定调用方法时传入参数的数据类型。

（4）参数名：是一个变量，用于接收调用方法时传入的数据。

（5）return 关键字：用于结束方法以及返回方法指定类型的值。

（6）返回值：被 return 语句返回的值，该值会返回给调用者。

> **注意** 方法中的“参数类型 参数名 1,参数类型 参数名 2,…”称作参数列表，一般称为形参，可用于描述方法在被调用时需要接收的参数。如果方法不需要接收任何参数，则参数列表为空，即圆括号内不写任何内容。方法的返回值的类型必须与方法声明的返回值类型兼容，如果方法没有返回值，返回值类型要声明为 void，此时，方法中的 return 语句可以省略。

方法定义以后即可被调用。在类内部的方法调用很简单，只需要给出方法名以及方法的参数（一般称作实参）列表即可。如果方法有返回值，则可将返回值赋给相应类型的变量。其中实参列表的参数要与方法中参数（一般称作形参）列表的参数个数一致、类型兼容。调用时，程序执行流程在主调方法中中断，转入被调方法，同时实参的值传递给形参，遇到 return 语句或者被调方法执行结束后则回到主调方法的断点处继续执行。

【例 3-14】输出图 3-14 所示的图形。

【例题分析】

图 3-14 所示为 3 个行数、列数不同的矩形，如果把输出矩形的代码写 3 遍，会产生代码重复问题，因此可以将输出矩形的功能定义为方法，在程序中调用 3 次。

```
*****
*****
*****

****
****
```

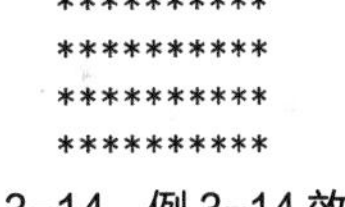

图 3-14　例 3-14 效果

【程序实现】

```
public class Example3_14 {
    public static void main(String[] args) {
        printRectangle(3,5);
        printRectangle(2,4);
        printRectangle(6,10);
    }
    public static void printRectangle(int height,int width) {
        for(int i=0;i<height;i++) {
            for(int j=0;j<width;j++) {
                System.out.print("*");
            }
            System.out.println();
        }
        System.out.println();
    }
}
```

【运行结果】

```
*****
*****
*****

****
****

**********
**********
**********
**********
**********
**********
```

【例 3-15】 判断用户提供的数据是否是质数（素数）。

【例题分析】

质数又称为素数。一个大于 1 的自然数，除了 1 和它自身外，不能被其他自然数整除的数称为质数；否则称为合数。

【程序实现】

```
import java.util.Scanner;
public class Example3_15 {
    public static void main(String[] args) {
        Scanner ins = new Scanner(System.in);
        System.out.println("请输入一个数: ");
        int n = ins.nextInt();
        if (isPrime(n))
        System.out.print(n + "是质数");
        else
            System.out.print(n + "不是质数");
    }

    static boolean isPrime(int n) {
        for (int i = 2; i < n; i++) {
            if (n % i == 0) {
                return false;
            }
        }
        return true;
    }
}
```

【运行结果】

```
请输入一个数:
29
29是质数
```

【例 3-16】 编写方法实现求 x 的 n 次方（n 为正整数）。

【例题分析】

根据方法的定义规则，自定义方法需要接收两个参数，返回一个结果。

【程序实现】

```
public class Example3_16 {
    static double power(double x, double n) {
        double t = 1;
        for (int i = 1; i <= n; i++)
            t = t * x;
        return t;
    }

    public static void main(String[] args) {
        double t1 = power(1.01, 365);
        double t2 = power(0.99, 365);
        System.out.printf("%.2f\n",t1);
        System.out.printf("%.2f",t2);
    }
}
```

【运行结果】

```
37.78
0.03
```

上面的程序实现了求 x 的 n 次方。当 n=365 时，x 分别为 1.01 和 0.99 这两个接近的数据，它们的运算结果却有天壤之别。每天进步一点，365 天后就会迎来质的飞跃。正如荀子在《劝学》中所讲的，“故不积跬步，无以至千里；不积小流，无以成江海。”学习程序设计也是如此，日积月累的努力，终将成就精彩人生。

微课 3-8

递归

2. 递归

递归调用是指一个方法在它的执行语句内调用其自身，Java 语言允许方法的递归调用。在递归调用中，主调方法也是被调方法。

【例 3-17】使用递归法求 n 的阶乘。

【例题分析】

n!是指自然数 n 的阶乘，即：$n!=1\times2\times3\times\cdots\times(n-2)\times(n-1)\times n$。

一个数 n 的阶乘可表示为：

$$n!=\begin{cases}1 & (n=1\text{或}0)\\(n-1)!\times n & (n>1)\end{cases}$$

【程序实现】

```
public class Example3_17 {
    static long f(int n) {
        if (n == 1 || n == 0)
            return 1;
        else
            return n * f(n - 1);
    }

    public static void main(String[] args) {
        int n = 5;
```

```
        long k = f(n);
        System.out.println(n + "!=" + k);
    }

}
```

【运行结果】

```
5!=120
```

经过方法的层层嵌套调用，最终遇到 f()方法的 if 条件成立，再层层返回，从而得到最终结果。递归调用虽然使程序编写更加简单，但是也使程序不易于理解，并且存在一些效率上的问题，读者在实际编程时要慎重选择。

方法的定义使得程序得以模块化，也使得程序变得更易维护，更方便测试。读者在编写程序时要建立模块化的思维，将一些重复性的任务进行功能的封装写成方法，在需要时调用，从而增强代码的复用性。

【案例 3-3】 猜数字游戏

编写一个猜数字游戏，对玩家猜测的数字与系统随机生成的数字（0~100）进行比较，在玩家猜测的过程中，分别给出“sorry，您猜大了！”或“sorry，您猜小了！”的提示，直到猜中为止。

【案例分析】

猜数字游戏对玩家猜测的数字与系统随机生成的数字进行比较，用到分支结构的知识。如果没有猜中数字，玩家将继续猜测，用到循环结构的知识。如果猜中数字，结束本次猜测过程。

【程序实现】

```
import java.util.Random;
import java.util.Scanner;
public class Task3_3 {
    public static void main(String[] args) {
        int randomNumber=new Random().nextInt(100);
        System.out.println("计算机已经“想”好了！");
        System.out.println("请输入您猜的数字：");
        Scanner sc=new Scanner(System.in);
        int enterNumber=sc.nextInt();
        while(enterNumber!=randomNumber) {
            if(enterNumber>randomNumber) {
                System.out.println("sorry，您猜大了！");
            }
            else {
                System.out.println("sorry，您猜小了！");
            }
            System.out.println("请输入您猜的数字：");
            enterNumber=sc.nextInt();
        }
        System.out.println("恭喜您，答对了！");
    }
}
```

【运行结果】

```
计算机已经“想”好了!
请输入您猜的数字:
50
sorry，您猜小了!
请输入您猜的数字:
80
sorry，您猜大了!
请输入您猜的数字:
70
sorry，您猜小了!
请输入您猜的数字:
75
sorry，您猜大了!
请输入您猜的数字:
71
恭喜您，答对了!
```

【案例 3-4】 趣味数学题

有一道趣味数学问题：有 30 个人，可能包括男人、女人和小孩，他们在同一家饭馆吃饭，总共花费了 50 元；已知每个男人吃饭需要花 3 元，每个女人吃饭需要花 2 元，每个小孩吃饭需要花 1 元，请编程求出男人、女人和小孩各有几人。

微课 3-9
趣味数学题

【案例分析】

假设男人有 x 个人，女人有 y 个人，小孩有 z 个人，满足以下条件：

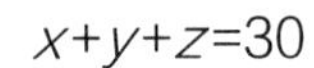

$$x+y+z=30 \quad (1)$$

$$3x+2y+z=50 \quad (2)$$

根据（1）（2）两式，可以确定 x、y、z 的取值范围如下。

x：0~10。

y：0~20。

z：10~20。

由此，可以确定循环条件，从而求出符合要求的男人、女人和小孩的人数。

【程序实现】

```
public class Task3_4 {
    public static void main(String[] args) {
        int x,y,z;
        System.out.println("满足条件的情况有: ");
        for(x=0;x<=10;x++) {
            for(y=0;y<=20;y++) {
                z=30-x-y;
                if(3*x+2*y+z==50) {
                    System.out.println("男人: "+x+"女人: "+y+"小孩: "+z);
                }
            }
```

```
        }
    }
}
```

【运行结果】

```
满足条件的情况有:
男人: 0 女人: 20 小孩: 10
男人: 1 女人: 18 小孩: 11
男人: 2 女人: 16 小孩: 12
男人: 3 女人: 14 小孩: 13
男人: 4 女人: 12 小孩: 14
男人: 5 女人: 10 小孩: 15
男人: 6 女人: 8 小孩: 16
男人: 7 女人: 6 小孩: 17
男人: 8 女人: 4 小孩: 18
男人: 9 女人: 2 小孩: 19
男人: 10 女人: 0 小孩: 20
```

对于上面的案例，我们是借助于双重循环实现功能的，读者可以充分发挥创新能力，尝试不同的实现方式。“一个需求多种方案”，对比分析哪种方案的执行效率更高，是更优的解决方案，并不断尝试，进行优化。

【案例 3-5】 九九乘法表

输出九九乘法表，如图 3-15 所示。

微课 3-10

九九乘法表

```
1*1=1
1*2=2	2*2=4
1*3=3	2*3=6	3*3=9
1*4=4	2*4=8	3*4=12	4*4=16
1*5=5	2*5=10	3*5=15	4*5=20	5*5=25
1*6=6	2*6=12	3*6=18	4*6=24	5*6=30	6*6=36
1*7=7	2*7=14	3*7=21	4*7=28	5*7=35	6*7=42	7*7=49
1*8=8	2*8=16	3*8=24	4*8=32	5*8=40	6*8=48	7*8=56	8*8=64
1*9=9	2*9=18	3*9=27	4*9=36	5*9=45	6*9=54	7*9=63	8*9=72	9*9=81
```

图 3-15 九九乘法表效果

【案例分析】

乘法口诀（也叫“九九歌”）在我国很早就已产生。远在春秋战国时代，九九歌就已经广泛地被人们传诵。

观察图 3-15 可以得出规律：总共有 9 行，第几行就有几个表达式。同时要注意每行表达式的规律：在第 i 行中，表达式就从 $1\times i$ 开始，一直到 $i\times i$ 结束，共有 i 个表达式。这个规律可以通过循环实现。因此，可以通过循环嵌套来控制输出，外层循环控制行数，内层循环控制列数。同时，还需要注意内层和外层之间的联系，内层列数是与外层行数相关的。

【程序实现】

```
public class Task3_5 {
    public static void main(String[] args) {
        int i,j;
        for(i=1;i<=9;i++) {
            for(j=1;j<=i;j++) {
                System.out.print(j+"*"+i+"="+i*j+"\t");
```

```
            }
            System.out.println();
        }
    }
}
```

【运行结果】

```
1*1=1
1*2=2    2*2=4
1*3=3    2*3=6    3*3=9
1*4=4    2*4=8    3*4=12   4*4=16
1*5=5    2*5=10   3*5=15   4*5=20   5*5=25
1*6=6    2*6=12   3*6=18   4*6=24   5*6=30   6*6=36
1*7=7    2*7=14   3*7=21   4*7=28   5*7=35   6*7=42   7*7=49
1*8=8    2*8=16   3*8=24   4*8=32   5*8=40   6*8=48   7*8=56   8*8=64
1*9=9    2*9=18   3*9=27   4*9=36   5*9=45   6*9=54   7*9=63   8*9=72   9*9=81
```

模块小结

本模块介绍了在程序设计中占据着重要地位的流程控制结构及方法。首先介绍了分支结构，其中包括 if 单分支结构、if-else 双分支结构、if-else if-else 多分支结构和 switch 多分支结构，可以基于布尔型的值来决定某段程序是否执行；然后介绍了循环结构，其中包括 while 循环、do-while 循环和 for 循环，可以让程序的一部分重复执行，直到满足某个终止循环的条件；最后介绍了方法的一些知识与相关操作。通过本模块的学习，读者应掌握几种流程控制结构的使用方法，并能够在程序中灵活使用流程控制结构。本模块的知识点如图 3-16 所示。

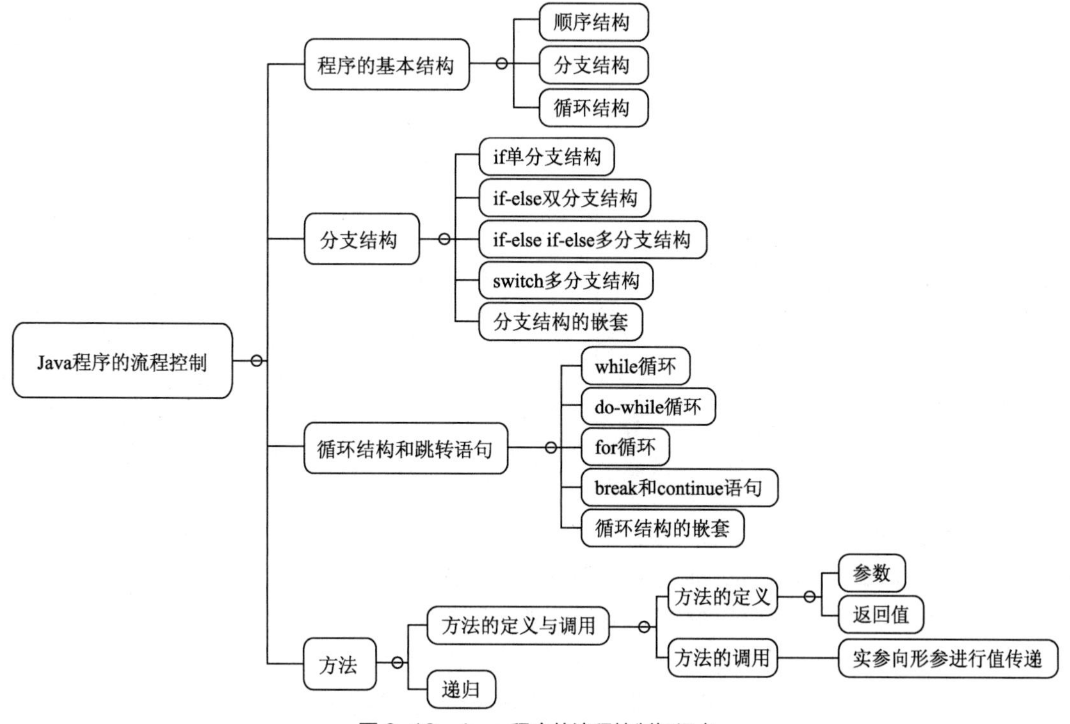

图 3-16　Java 程序的流程控制知识点

自我检测

一、选择题

1. 程序为：

```
int a=2,b=5,c=7;
if(a>c)
   b=a;
   a=c;
   c=b;
System.out.println("a="+a+",b="+b+",c="+c);
```

其输出结果为（　　）。

A. a=2,b=5,c=7　　B. a=5,b=2,c=7　　C. a=7,b=2,c=2　　D. a=7,b=5,c=5

2. 下列哪个说法是正确的？（　　）

A. if 语句和 else 语句必须成对出现

B. if 语句可以没有 else 语句对应

C. switch 多分支结构的每个 case 语句中必须用 break 语句

D. switch 多分支结构中必须有 default 语句

3. 当编译和运行下列代码时，会发生什么？（　　）

```
public class Test{
    public static void main(String[] args){
        int j=1;
        switch(j){
        case 1:
            j++;
        case 2:
            j++;
        case 3:
            j++;
        case 4:
            j++;
        case 5:
            j++;
        default:
            j++
        }
        System.out.println("j="+j);
    }
}
```

A. 编译错误　　B. 输出 7　　C. 输出 2　　D. 输出 6

4. 关于 while 循环和 do-while 循环，下列哪个说法是正确的？（　　）

A. 没有区别，这两种结构在任何情况下的效果都是一样的

B. while 循环的执行效率比 do-while 循环的执行效率高

C. do-while 循环会先循环后判断，所以循环体至少执行一次

D. while 循环会先循环后判断，所以循环体至少执行一次

5. 以下程序的循环体执行了几次？（　　）

```
int k=10;
while(k>=0){
    k--;
}
```

A. 10　　B. 11　　C. 12　　D. 13

6. 当编译和运行下列代码时，输出为（　　）。

```
public class Test{
    public static void main(String[] args){
        int i=1,j=10;
        do{
            if(i++>--j)
                break;
            }while(i<5);
        System.out.println("i="+i+"\tj="+j);
    }
}
```

A. i=6 j=5　　B. i=5 j=5　　C. i=6 j=4　　D. i=5 j=6

7. 下列程序的运行结果是（　　）。

```
public class Test{
    public static void main(String[] args){
        int percent=10;
        tripleValue(percent);
        System.out.println(percent);
    }
    public static void tripleValue(int x){
        x=3*x;
    }
}
```

A. 40　　B. 30　　C. 20　　D. 10

二、编程题

1. 输入 3 个整数 x、y、z，对其进行排序，使得 $x<y<z$。

2. 从键盘输入一个字符，判断输入的是否是大写字母，如果是大写字母，则将其转换成小写字母，否则不用改变直接输出。

3. 输入年、月，显示这个月的天数。

4. 编写程序，输出图 3-17 所示的图形。

图 3-17　效果

5．水仙花数是指个位、十位和百位 3 个数的立方和等于这个三位数本身的数（例如 $153=1^3+5^3+3^3$），编写程序求出所有的水仙花数。

6．用一百元去买一百只鸡，公鸡每只 5 元，母鸡每只 3 元，小鸡 3 只 1 元，问公鸡、母鸡、小鸡各应该买多少只?

7．通过自定义方法，分别实现对长方形面积、长方体体积的求解。

8．利用自定义方法，求 $n!$。

自我评价

技能目标	熟练运用流程控制语句，掌握分支结构的使用方法、应用；掌握分支结构的嵌套；掌握循环结构的使用方法、应用；掌握循环结构的嵌套；掌握方法的定义、递归			
程序员综合素养自我评价	需求分析能力	编码规范化	软件测试能力	团队协作能力

模块4 数组

04

学习目标（含素养要点）：

- 掌握一维数组的定义、初始化及应用（责任担当）。
- 掌握一维数组中元素的查找与移动方法。
- 掌握一维数组常用的数据排序算法（分析思维）。
- 掌握二维数组的定义、初始化及应用（文化自信）。

假设某班有 40 名学生，现在需要统计该班 Java 程序设计考试成绩的基本情况，如计算该班的平均分、不及格率等。结合前面所学知识，就需要在程序中定义 40 个变量来存放每位同学的成绩，这样做非常不方便。在 Java 中有一种特殊的数据类型——数组，利用它可以非常方便地保存这 40 名同学的成绩。

数组是指一组具有相同数据类型的数据的集合，这些数据可以是基本数据，也可以是对象（引用型数据）。数组中存放的每个数据称为数组的一个元素，这些元素具有先后顺序，元素的数量（个数）称为数组的长度。数组的长度在数组创立时就固定了，以后不能更改。

数组按存放元素的复杂程度可分为一维数组、二维数组和多维数组。习惯上将维数大于 2 的数组统称为多维数组。

4.1 一维数组

一维数组可以直观地认为是排列成一行或一列的数据列表。实质上，一维数组是一组相同类型数据的线性集合。当在程序中需要处理一组数据或者传递一组数据时，就可以用一维数组。

4.1.1 一维数组的定义

数组属于引用数据类型的变量，要想使用数组，就需要先对数组进行定义，定义数组分为声明与创建两步。

微课 4-1

一维数组的定义与使用

1. 一维数组的声明

声明一维数组的语法格式如下：

```
数据类型 数组名[ ];
```

或：

```
数据类型[ ] 数组名;
```

说明：数组元素的数据类型可以是 Java 的任何一种类型。

例如：

```
int x[];
```

2. 一维数组的创建

声明数组只给出了数组名和元素的数据类型，要想真正使用数组，还必须为它分配内存空间，即创建数组。在为数组分配内存空间时，使用关键字 new，同时指明数组的长度。为数组分配内存空间的语法格式如下：

```
数组名=new 数据类型 [元素个数];
```

例如，对上面声明的一维数组 x 分配存储空间：

```
x=new int[100];
```

也可以把数组的声明和创建合二为一：

```
int x[ ]=new int[100];
```

上述语句相当于在内存中定义了 100 个 int 型的变量，这些变量的名称分别为 x[0]、x[1]、x[2]……以此类推，第 100 个变量的名称为 x[99]。

下面通过内存分布示意来说明数组在声明和创建过程中内存的分配情况。

第 1 步声明一维数组“int x[ ];”是指在内存中分配一块存储空间给 x。内存分布示意如图 4-1 所示。

第 2 步创建一维数组“x=new int[100];”则是指在内存中分配了 100 个连续的存储空间，且把首地址给了 x，接下来就可以使用变量 x 引用数组，这时的内存分布示意如图 4-2 所示。

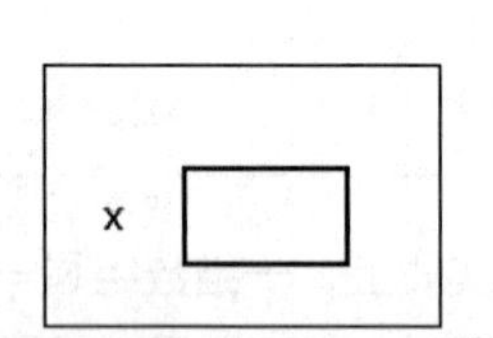

图 4-1　声明数组 x 的内存分布示意

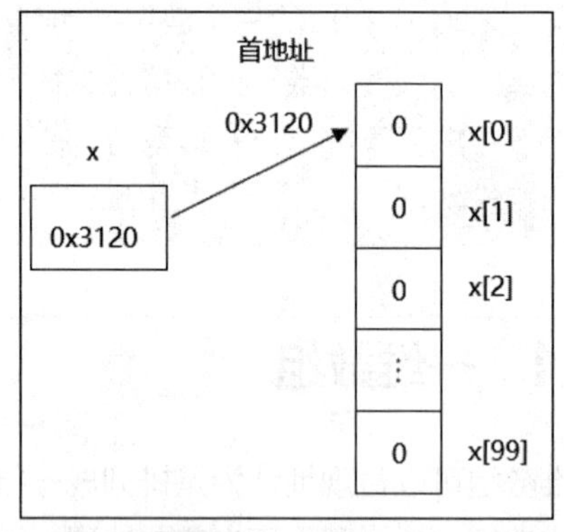

图 4-2　创建数组 x 的内存分布示意

图 4-2 中描述了变量 x 引用数组的情况。该数组中有 100 个元素，初始值都为 0。这是因为数组被创建后，数组中的每一个元素被自动赋予一个默认值。数据类型不同，默认值也是不一样的，如表 4-1 所示。

表 4-1　数组定义后元素的默认值

数据类型	默认值
byte、short、int、long	0
float、double	0.0

续表

数据类型	默认值
char	空字符，即'\u0000'
boolean	false
引用数据类型	null

4.1.2　一维数组的初始化

数组初始化指的是在定义数组时为各元素赋初值。

例如：

```
int x[]={3,5,7,9,11};
```

或：

```
int x[]=new int[]{3,5,7,9,11};
```

则数组 x 的内存分布示意如图 4-3 所示。

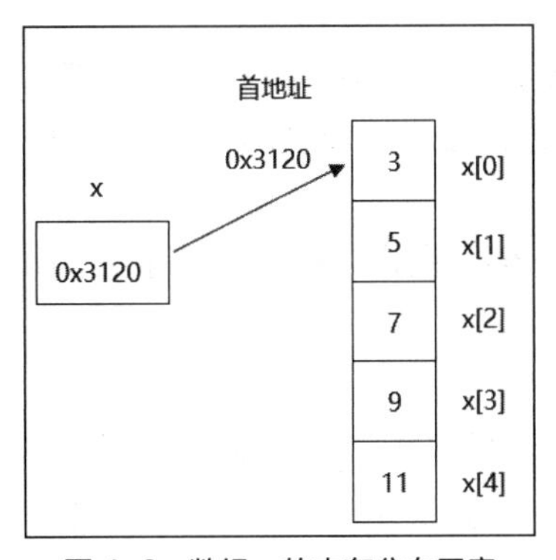

图 4-3　数组 x 的内存分布示意

此时数组的长度由数组元素的个数自动确定。

4.1.3　一维数组元素的访问

数组中的每个元素可以通过下标来访问，语法格式为：

```
数组名[下标值]
```

下标值从 0 开始，最大的下标值是“数组长度-1”。在 Java 中，为了方便获得数组的长度，提供了一个 length 属性。在程序中可以通过“数组名.length”来获得数组的长度，即元素个数。

借用下标可以逐一访问数组中的全部元素，即对数组进行遍历。

【例 4-1】 数组 x 中保存着一批整数，请按顺序输出所有的元素。

【例题分析】

对数组中的元素进行访问，可以借用下标法实现：x[下标]。下标的变化范围为 0,1,2,⋯,x.length-1，是非常有规律的，因此可以借用循环来实现元素访问。

【程序实现】

```
public class Example4_1 {
    public static void main(String[] args) {
        int x[]= {3,1,5,8,9,11,42,15};
        for(int i=0;i<x.length;i++)
            System.out.print(x[i]+"\t");
    }
}
```

【运行结果】

```
3       1    5    8    9    11   42   15
```

对于数组元素的访问，除了进行上面的顺序访问外，还可以进行逆序访问、访问所有的奇数位数据等其他非常规的访问，为此我们只需要设置相应的下标变化规律即可。

通过下标法来访问数组中的元素非常方便，但要注意，使用过程中应合理设置循环的初始化表达式和结束条件，防止下标超出范围。

4.1.4 一维数组的应用

借用一维数组，可以非常方便地处理具有相同数据类型的数据，对数组中元素的常规操作包括增、删、改、查。下面我们首先来介绍对数组元素进行的查找操作。

微课 4-2

一维数组中数据的查找

1. 普通查找

【例 4-2】在数组中查找给定的值 x 是否存在，如果存在，请提示它在数组中出现的位置。

【例题分析】

在数组 a 中查找 x 需要对数组进行遍历，按照顺序查找，将数组的每一个元素与 x 进行对比。如果数组中存在值为 x 的元素，则其对应的下标为 0-a.length-1，因此定义一个辅助变量 index，并赋初值-1，用 index 来记录 x 出现的位置。

【程序实现】

```
public class Example4_2 {
    public static void main(String[] args) {
        int a[]= {4,2,7,8,1,9,2,8};
        int x=7;
        int index=-1;
        for(int i=0;i<a.length;i++)
            if(a[i]==x)
                index=i;
        if(index==-1)
            System.out.println("数组中没有值为"+x+"的元素");
        else
            System.out.println("数组中第"+(index+1)+"个数是"+x);
    }
}
```

【运行结果】

```
数组中第 3 个数是 7
```

2. 最值查找

一维数组中最值的查找

【例 4-3】输入 10 个整数，查找其中的最大值。

【例题分析】

批量数据的最值查找，一般都会假设第一个值为最大值，把它存放在一个第三方的变量 max 中，然后将 max 与后面的元素逐一比较大小，如果有一个元素的值比 max 中保存的值大，则更新 max 中的值，最后 max 中存放的即为数组中的最大值。

【程序实现】

```
import java.util.Scanner;
public class Example4_3 {
    public static void main(String[] args) {
        int a[]=new int[10];
        Scanner input = new Scanner(System.in);
        System.out.println("请输入 10 个整数");
        for(int i=0;i<10;i++) {
            a[i]=input.nextInt();
        }
        int max=a[0];
        for(int i=1;i<a.length;i++)
            if(max<a[i])
                max=a[i];
        System.out.println("最大值为: "+max);
    }
}
```

【运行结果】

```
请输入 10 个整数:
8 9 10 5 6 4 3 2 1 3
最大值为: 10
```

3. 在数学中的应用

【例 4-4】借用数组产生斐波那契数列的前 20 项，并按照 5 个数一行进行显示。

【例题分析】

斐波那契数列（Fibonacci sequence），又称为黄金分割数列，指的是这样一个数列：1、1、2、3、5、8、13、21、34……在数学上，斐波那契数列以递推的方法定义：$F(1)=1$，$F(2)=1$，$F(n)=F(n-1)+F(n-2)$（$n\geqslant 3$，$n\in \mathbf{N}^*$）。为此，可以借用一个长度为 20 的数组 f 来产生并保存这 20 个数据项。其中 f[0]=1、f[1]=1,下标为 2 及以上的数组元素可以递推得出：f[i]=f[i−1]+f[i−2]。

【程序实现】

```
public class Example4_4 {
    public static void main(String[] args) {
        int f[]=new int[20];
        f[0]=f[1]=1;
        for(int i=2;i<20;i++)
            f[i]=f[i-1]+f[i-2];
        for(int i=0;i<20;i++) {
            if(i%5==0)
```

```
            System.out.println();
        System.out.printf("%8d",f[i]);
      }
    }
}
```

【运行结果】

```
       1      1       2       3       5
       8     13      21      34      55
      89    144     233     377     610
     987   1597    2584    4181    6765
```

4.1.5 一维数组元素的移动

数组在内存中占用一块连续的存储空间来进行存放，有时需要在数组中进行元素的删除与插入，因此需要将一批数据进行前移或后移，从而达到删除和插入的目的。

微课 4-4

一维数组中数据的删除

1. 数据的删除

【例 4-5】对数组中值为 x 的元素进行删除，并输出删除元素后的数组。

【例题分析】

假设某一时刻数组中存放的数据的内存分布示意如图 4-4 所示，数组中共包含 5 个有效数据。现要将值为 5 的元素删除，因此需要将后面的两个元素往前移动，覆盖要删除的元素即可，删除后的数组中包含 4 个有效数据，如图 4-5 所示。

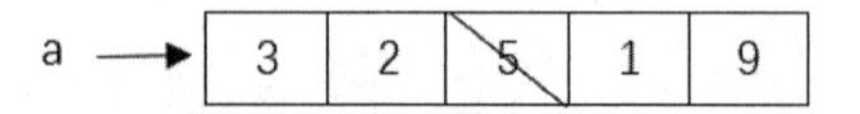

图 4-4 数组 a 的内存分布示意

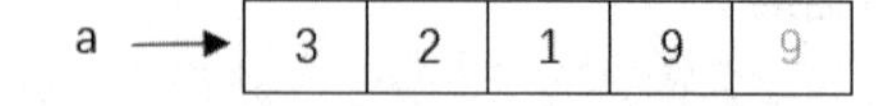

图 4-5 数组 x 删除值为 5 的元素后的内存分布示意

【程序实现】

```
public class Example4_5 {
    public static void main(String[] args) {
        int a[]= {3,2,5,1,9};
        int x=5;
        int n=5;                          //n 中存放数组中的有效数据个数
        int index=-1;
        for(int i=0;i<n;i++)              //在数组中查找值为 x 的元素
            if(a[i]==x)
                index=i;
        if(index==-1)
            System.out.println("数组中没有值为"+x+"的元素，删除失败");
        else {
            for(int j=index;j<n-1;j++)   //将值为 x 的元素之后的数据前移以覆盖该元素
                a[j]=a[j+1];
            n--;
            System.out.println("已将数组中值为"+x+"的元素删除");
        }
```

```
        System.out.println("数组中的数据: ");
        for(int i=0;i<n;i++)
            System.out.print(a[i]+"\t");
    }
}
```

【运行结果】

```
已将数组中值为 5 的元素删除
数组中的数据:
3	2	1	9
```

读者在编写程序时要养成测试的习惯。在软件研发中，问题发现得越早，解决的代价就越低。测试工作需要考虑两方面的问题，一方面是正常调用的测试，另一方面是异常调用的测试。对于上面的例 4-5，要删除的值为 x 的元素位于数组的中间，在测试时可以改变 x 的取值，让相应元素位于数组的首、末位置，测试程序是否能实现预期任务；或者测试在数组中存在多个相邻的值为 x 的元素，看看程序能否实现预期任务。

微课 4-5

一维数组中数据的插入

2. 数据的插入

【例 4-6】数组 a 中存放着一批升序排列的数据，请将值为 x 的元素插入，并使得插入值为 x 的元素后，数组中的元素仍按升序排列。

【例题分析】

因为数组一旦定义后，长度就不能改变，所以为了在数组 a 中插入值为 x 的元素，首先要保证数组 a 的长度比实际存放的有效数据个数大。假设数组 a 原始数据的内存分布示意如图 4-6 所示，有效数据个数为 5。为了在数组 a 中插入值为 x 的元素，首先要找到一个合适的位置，确保插入后的数据仍然有序，插入后，数组 a 的内存分布示意如图 4-7 所示，插入后的有效数据个数为 6。

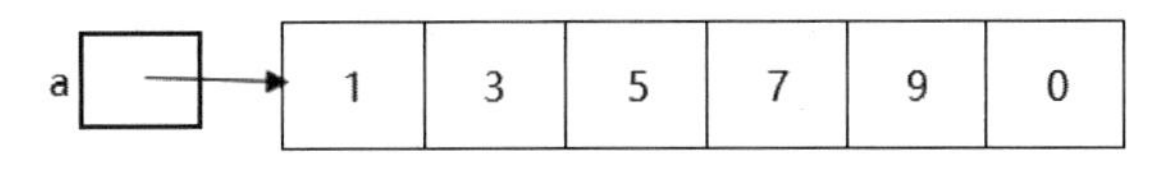

图 4-6　数组 a 原始数据的内存分布示意

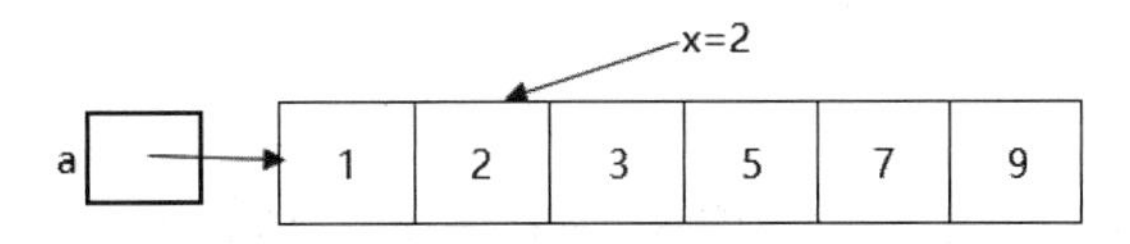

图 4-7　在数组 a 中插入 x 后的内存分布示意

【程序实现】

```
public class Example4_6 {
    public static void main(String[] args) {
        int a[]= {1,3,5,7,9,0};
        int n=5;                        //数组 a 中存放的有效数据的个数
        int x=2;
        int i;
        for(i=n-1;i>=0;i--)             //边后移边查找插入值为 x 的元素的合适位置
            if(a[i]>x)
                a[i+1]=a[i];
```

```
            else break;
        a[i+1]=x;                        //插入值为 x 的元素
        n++;
        System.out.println("数组 a 中的数据: ");
        for(i=0;i<n;i++)
            System.out.print(a[i]+"\t");
    }
}
```

【运行结果】

```
数组 a 中的数据:
1    2    3    5    7    9
```

4.1.6 一维数组元素的排序

对数组中的数据，除了进行基本的增、删、改、查操作外，有时还需要进行排序。下面介绍两种比较常见的排序算法——选择排序和冒泡排序，并介绍使用 Java API——Arrays.sort()进行数据排序的方法。

微课 4-6

选择排序

1. 选择排序

选择排序（selection sort）是一种简单、直观的排序算法。它的工作原理是：第一次从待排序的元素中选出最小（或最大）的一个元素，存放在序列的起始位置，再从剩余的未排序元素中寻找最小（或最大）元素，然后放到已排序的序列的末尾。以此类推，直到全部待排序的元素的个数为零。

【例 4-7】数组 a 中存放着一批数据{2,8,1,6,7}，请采用选择排序对其进行升序排列。

【例题分析】

依据选择排序思想，排序过程如下。

第 1 趟排序，找出下标范围在 0~4 的元素中最小元素的下标，然后将该位置上的元素与下标为 0 的元素交换，这时第 1 个位置的元素值是最小的。

排序结果：1,8,2,6,7。

第 2 趟排序，找出下标范围在 1~4 的元素中最小元素的下标，然后将该位置上的元素与下标为 1 的元素交换。

排序结果：1,2,8,6,7。

第 3 趟排序，找出下标范围在 2~4 的元素中最小元素的下标，然后将该位置上的元素与下标为 2 的元素交换。

排序结果：1,2,6,8,7。

第 4 趟排序，找出下标范围在 3~4 元素中最小元素的下标，然后将该位置上的元素与下标为 3 的元素交换。

排序结果：1,2,6,7,8。

至此，排序结束。

【程序实现】

```
public class Example4_7 {
    public static void main(String[] args) {
```

```
        int a[]= {2,8,1,6,7};
        for(int i=0;i<a.length-1;i++) {
            int p=i;
            for(int j=i+1;j<a.length;j++)
                if(a[p]>a[j])
                    p=j;
            if(p!=i) {
                int t=a[i];
                a[i]=a[p];
                a[p]=t;
            }
            System.out.print("\n第"+(i+1)+"趟排序结果: ");
            for(int k=0;k<a.length;k++)
                System.out.print(a[k]+"  ");
        }
    }
}
```

【运行结果】

```
第 1 趟排序结果: 1  8  2  6  7
第 2 趟排序结果: 1  2  8  6  7
第 3 趟排序结果: 1  2  6  8  7
第 4 趟排序结果: 1  2  6  7  8
```

2. 冒泡排序

以升序排序为例，在冒泡排序（bubble sort）的过程中，不断地比较数组中相邻两个元素的大小，如果把数据序列“竖”起来看，较小者向上浮，较大者往下沉，整个过程犹如水中气泡上升的情景。

冒泡排序过程如下。

第 1 步，从第一个元素开始，将相邻的两个元素依次进行比较，如果前一个元素比后一个元素大，则交换它们的位置。整个过程完成后，数组中最后一个元素的值自然就是最大值，这样也就完成了第一轮排序。

第 2 步，除了最后一个元素，将剩余的元素继续进行两两比较，过程与第 1 步相似，这样就可以将数组中第 2 大的数放在倒数第 2 个位置。

第 3 步，依次类推，持续对越来越少的元素重复上面的步骤，直到没有任何一对元素需要比较为止。

【例 4-8】数组 a 中存放着一批数据{9,7,5,8,4}，请采用冒泡排序对其进行升序排列。

【例题分析】

根据冒泡排序的思想，排序过程如下。

第 1 趟排序过程如图 4-8 所示。经过第 1 趟排序后，最大数 9 下沉到底。

第 2 趟排序时只需要比较前 4 个数即可，排序过程如图 4-9 所示。经过第 2 趟排序后 8 也下沉。

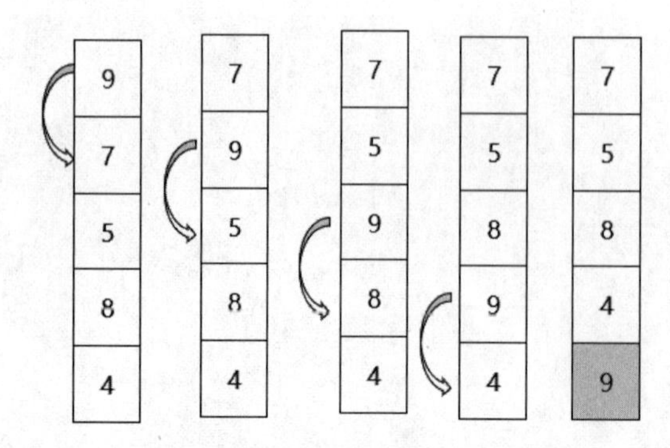

图 4-8　数组 a 冒泡排序的第 1 趟排序过程

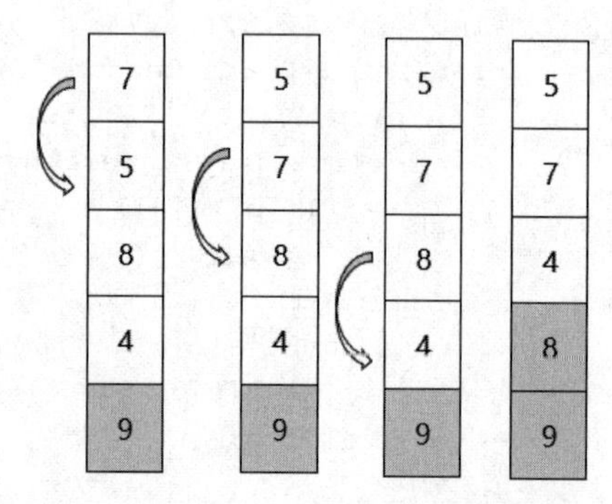

图 4-9　数组 a 冒泡排序的第 2 趟排序过程

第 3 趟排序时只需要比较前 3 个数即可，排序过程如图 4-10 所示。经过第 3 趟排序后 7 也下沉。

第 4 趟排序的过程如图 4-11 所示。经过排序后，数据就按照从小到大的顺序排好了。

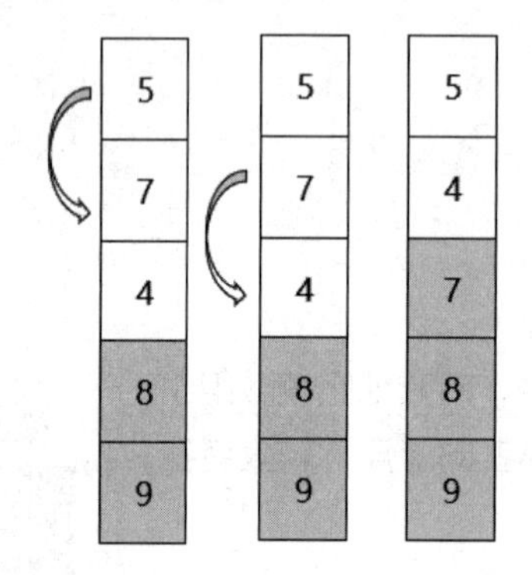

图 4-10　数组 a 冒泡排序的第 3 趟排序过程

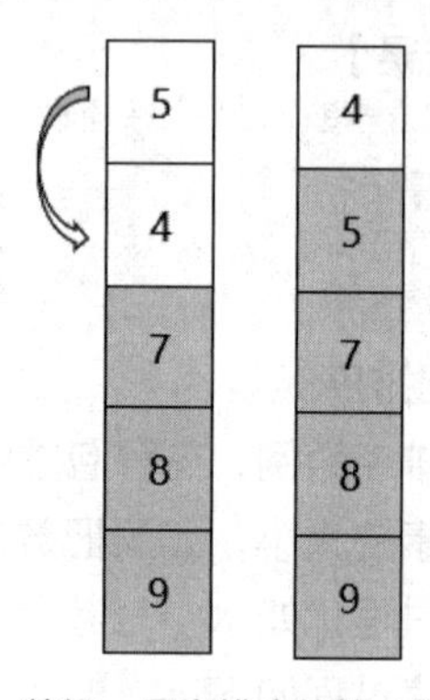

图 4-11　数组 a 冒泡排序的第 4 趟排序过程

对数组 a 中的 *n* 个数据进行排序，需要经过 *n*-1 趟排序过程，分析排序的过程，可以发现表 4-2 所示的规律。

表 4-2　排序与比较次数的规律

第 *i* 趟排序	元素比较的次数
1	5-1=4
2	5-2=3
3	5-3=2
4	5-4=1

即对于第 *i* 趟排序，需要比较 *n*-*i* 次数据的大小关系。

【程序实现】

```
public class Example4_8 {
    public static void main(String[] args) {
        int[] a = { 9, 7, 5, 8, 4 };
        System.out.print("冒泡排序前  : ");
        printArray(a);                  // 输出原始数组元素
        bubbleSort(a);                  // 调用冒泡排序方法进行升序排列
```

```
        System.out.print("冒泡排序后  : ");
        printArray(a);                                  // 输出排序后的数组元素
    }
    public static void printArray(int[] a) {            // 定义输出数组元素的方法
        for (int i = 0; i < a.length; i++) {
            System.out.print(a[i] + " ");
        }
        System.out.println( );
    }
    public static void bubbleSort(int[] a) {            // 定义对数组冒泡排序的方法
        int n=a.length;
        for (int i = 1; i < n; i++) {
            for (int j = 0; j < n - i; j++) {
                if (a[j] > a[j + 1]) {                  // 比较相邻元素
                    int temp = a[j];
                    a[j] = a[j + 1];
                    a[j + 1] = temp;
                }
            }
            System.out.print("第" +  i  + "轮排序后: ");
            printArray(a);                              // 显示每一趟排序后的结果
        }
    }
}
```

【运行结果】

```
冒泡排序前  : 9 7 5 8 4
第 1 轮排序后: 7 5 8 4 9
第 2 轮排序后: 5 7 4 8 9
第 3 轮排序后: 5 4 7 8 9
第 4 轮排序后: 4 5 7 8 9
冒泡排序后  : 4 5 7 8 9
```

3. Arrays 类

java.util 包提供了 Arrays 类，该类提供了很多常用的方法来操作数组，如对数组进行排序、查询等。排序的语法格式如下：

```
Arrays.sort(数组名);
```

【例 4-9】 数组 a 中存放着一批数据{9,7,5,8,4}，请采用 Arrays.sort()方法对其进行升序排列。

【例题分析】

Arrays.sort()方法位于 java.util 包中，程序首先要通过 import 关键字导入包，然后直接调用方法排序即可。

【程序实现】

```
import java.util.Arrays;
public class Example4_9 {
    public static void main(String[] args) {
        int[] a = { 9, 7, 5, 8, 4 };
        Arrays.sort(a);
        System.out.println("升序排列后: ");
        for(int temp:a)
```

```
            System.out.print(temp+"\t");
        }
    }
```

【运行结果】

```
升序排列后:
4    5    7    8    9
```

【案例 4-1】 歌手大赛评分程序

青年歌手参加的歌手大赛有一个评委评分环节，假设有 10 个评委评分（满分为 100 分），去掉一个最高分、去掉一个最低分后，剩余 8 个评分的平均分即为该歌手的最后得分，编写程序求某歌手的得分。

【案例分析】

多个评委的评分可以借助一维数组保存，首先求所有评分的总和，再减去最高分、最低分，然后除以有效评分的个数，即可得到该歌手的得分。

【程序实现】

```
import java.util.Scanner;
public class SongCompetition {
    public static void main(String[] args) {
        double score[]=new double[10];
        Scanner input = new Scanner(System.in);
        double sum=0;
        double max,min;
        double finalScore;
        for(int i=0;i<10;i++) {
            System.out.print("请输入第"+(i+1)+"个评委的评分（1~100）: ");
            score[i]=input.nextDouble();
            sum+=score[i];
        }
        max=min=score[0];
        for(int i=1;i<10;i++) {
            if(max<score[i])
                max=score[i];
            if(min>score[i])
                min=score[i];
        }
        finalScore=(sum-max-min)/(score.length-2);
        System.out.println("该歌手的最后得分为: "+finalScore);
    }
}
```

【运行结果】

```
请录入第 1 个评委的打分（1~100）: 99
请录入第 2 个评委的打分（1~100）: 95
请录入第 3 个评委的打分（1~100）: 90
```

```
请录入第 4 个评委的打分（1~100）：89
请录入第 5 个评委的打分（1~100）：91
请录入第 6 个评委的打分（1~100）：95
请录入第 7 个评委的打分（1~100）：99
请录入第 8 个评委的打分（1~100）：88
请录入第 9 个评委的打分（1~100）：89
请录入第 10 个评委的打分（1~100）：99
该歌手的最后得分为：93.375
```

【案例 4-2】　射击选手的选拔

某学校要从甲、乙两位优秀选手中选拔一名参加全市中学生射击比赛，学校预先对这两位选手测试了 5 次，成绩（单位：环）如下。

甲选手 5 次得分：10、8、9、9、9。

乙选手 5 次得分：10、10、7、9、9。

请你根据 5 次测试的成绩做出判断，派哪位选手参赛更好，为什么？

【案例分析】

判断哪位选手入选，首先应考虑各选手的平均水平，甲、乙两位选手的 5 次测试的成绩组成一个总体，要评价哪位选手的成绩好，可以从总体的平均数和方差两个角度来衡量。若选手的成绩总体的平均数较大，则说明该选手成绩好；若甲、乙选手的总体的平均数相等，则要比较方差。

方差是指从概率论和统计方面衡量随机变量或一组数据离散程度的方式，是一组数据中所有的数与该组数据平均数之差的平方的平均值。设一组数据 $x_1,x_2,x_3,\cdots,x_n$ 中，各组数据与它们的平均数 $\overline{x}$ 的差的平方分别是 $(x_1-\overline{x})^2,(x_2-\overline{x})^2,\cdots,(x_n-\overline{x})^2$，那么它们的平均数就是这组数据的方差。方差可以衡量这组数据的波动大小，即表示一组数据的离散程度，方差越大，则数据波动越大。方差的算术平方根为该组数据的标准差。

【程序实现】

```
public class ScoreAnalyse {
    public static void main(String[] args) {
        int score1[]= {10,8,9,9,9};
        int score2[]= {10,10,7,9,9};
        double x1=0,x2=0;
        for(int i=0;i<score1.length;i++)
            x1+=score1[i];
        x1=x1/score1.length;
        for(int i=0;i<score2.length;i++)
            x2+=score2[i];
        x2=x2/score2.length;
        System.out.println("两位选手得分的平均分分别是："+x1+","+x2);
        if(x1>x2)
            System.out.println("甲选手胜出");
        else if(x1<x2)
                System.out.println("乙选手胜出");
```

```
        else {                              //计算两位选手得分的方差
            double s1=0,s2=0;
            for(int i=0;i<score1.length;i++)
                s1+=(score1[i]-x1)*(score1[i]-x1);
            s1=s1/score1.length;            //甲选手得分的方差
            for(int i=0;i<score2.length;i++)
                s2+=(score2[i]-x2)*(score2[i]-x2);
            s2=s2/score2.length;            //乙选手得分的方差
            System.out.println("两位选手得分的方差分别是: "+s1+","+s2);
            if(s1<s2)                       //方差越小，说明成绩越稳定
                System.out.println("甲选手胜出");
            else
                System.out.println("乙选手胜出");
            }
    }
}
```

【运行结果】

```
两位选手得分的平均分分别是: 9.0,9.0
两位选手得分的方差分别是: 0.4,1.2
甲选手胜出
```

4.2 二维数组

前文介绍了一维数组，而在实际问题中，有些数据信息是二维的或者多维的。多维数组元素有多个下标，以标识它在数组中的位置。下面我们介绍二维数组，二维数组可以看成以一维数组为元素的数组。

4.2.1 二维数组的定义

二维数组的定义与一维数组的定义相似，分为数组的声明与创建两步。

微课 4-8

二维数组的定义与使用

1. 二维数组的声明

二维数组的声明有下列几种方式。

```
数据类型 数组名[ ][ ];
```

例如:

```
int  a [ ] [ ];
```

或:

```
数据类型 [ ] [ ] 数组名;
```

例如:

```
int [ ] [ ]  a;
```

2. 二维数组的创建

为二维数组分配内存空间的语法格式如下:

```
数组名=new 数据类型 [元素个数 1 ] [元素个数 2 ];
```

例如:

```
a =new int[3][4];
```

二维数组 a 的内存分布示意如图 4-12 所示。

另外，定义的二维数组中每一维的大小可不同。

例如:

```
int a[ ][ ] = {{8, 1, 6}, {3, 5}, {4,7,8,9}};
```

其在内存中的存储结构如图 4-13 所示。

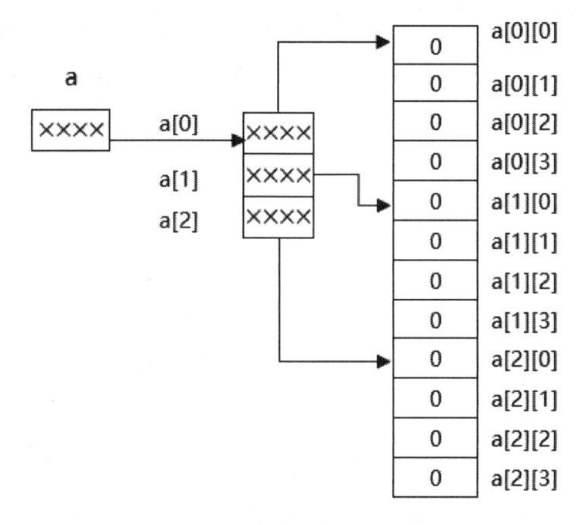

图 4-12　二维数组 a 的内存分布示意

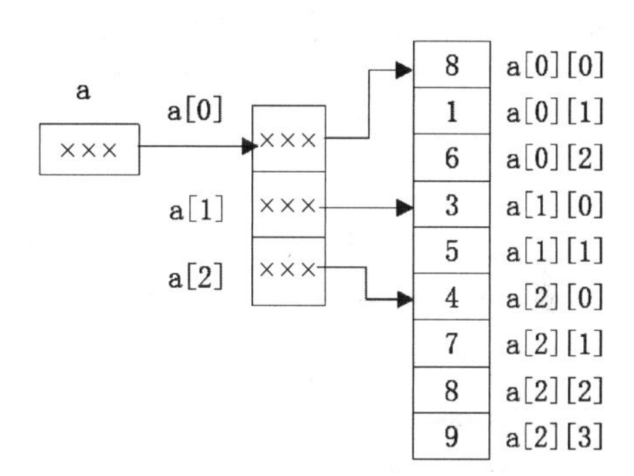

图 4-13　二维数组 a 在内存中的存储结构

或者:

```
int b[ ][ ]=new int[3][ ];      //在创建数组时仅确定了一维维数
b[0]=new int[3];                //指定第二维的维数
b[1]=new int[4];
b[2]=new int[5];
```

数组 b 的内存分布示意如图 4-14 所示。

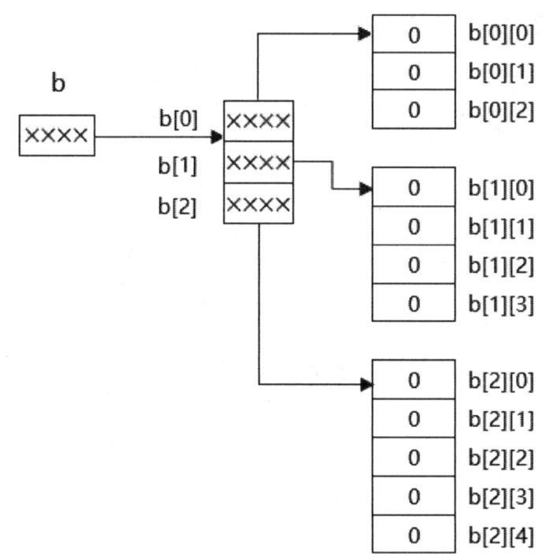

图 4-14　二维数组 b 的内存分布示意

4.2.2 二维数组的初始化

二维数组的初始化比一维数组的要复杂些，不过方式与一维数组的类似。

例如:

```
int [ ] [ ] SidScore={{1,68,79,90},{2,88,75,60},{3,75,73}}; //第二维元素个数可不同
```

4.2.3 二维数组的应用

二维数组的元素可通过两个下标进行访问，分别是行数组下标和列数组下标。例如，对于二维数组 a，可通过 a[i][j]进行访问，其中 i 和 j 为数组 a 的行下标和列下标。二维数组的行数可通过 a.length 获取，每一行的长度可通过 a[i]. length 获取。

访问二维数组元素的语法格式如下:

```
数组名[下标 1] [下标 2];
```

例如:

```
SidScore [1][2];
```

【例 4-10】二维数组 a 中存放着数据，如 int a[ ][ ]={{6,5},{3,5,7,3},{4,2,2}}。请编写程序实现将该二维数组中的数据按行输出。

【例题分析】

二维数组 a 中包含的每一维数组的长度不相同，为此可以借助 a.length 获取一维数组的个数，借助 a[i].length 获取每一个一维数组包含的元素个数。

【程序实现】

```
public class Example4_10 {
    public static void main(String[] args) {
        int a[][]={{6,5},{3,5,7,3},{4,2,2}};
        for(int i=0;i<a.length;i++) {
            for(int j=0;j<a[i].length;j++)
                System.out.print(a[i][j]+"\t");
            System.out.println();
        }
    }
}
```

【运行结果】

```
6    5
3    5    7    3
4    2    2
```

【例 4-11】某年级 4 个班的 Java 程序设计考试成绩如表 4-3 所示，请采用二维数组保存这些数据，并求出:

（1）全年级的平均分;

（2）每个班的平均分。

表 4-3　某年级 4 个班的 Java 程序设计考试成绩

班级	分数				
1 班	99	68	97		
2 班	89	95	88	59	64
3 班	89	79	99	58	
4 班	59	79	85	68	85

【例题分析】

多个班的成绩可以借助二维数组进行存储，每一个行数组为一个班的成绩列表。全年级的平均分为数组中全部数据的平均值。每个班的平均分为每一个行数组中数据的平均值。

【程序实现】

```
public class Example4_11 {
    public static void main(String[] args) {
        double score[][]= {{99,68,97},{89,95,88,59,64},{89,79,99,58},{59,79,85,68,85}};
        double sum=0;
        int count=0;
        for(int i=0;i<score.length;i++) {        //全部数据的总和/全部元素个数为总平均分
            for(int j=0;j<score[i].length;j++)
                sum+=score[i][j];
            count+=score[i].length;
        }
        System.out.println("全年级的平均分为: "+sum/count);
        for(int i=0;i<score.length;i++) {        //每一个班的平均分
            sum=0;
            for(int j=0;j<score[i].length;j++)
                sum+=score[i][j];
            System.out.println((i+1)+"班的 Java 平均分为: "+sum/score[i].length);
        }
    }
}
```

【运行结果】

```
整个年级的平均分为: 80.0
1 班的 Java 平均分为: 88.0
2 班的 Java 平均分为: 79.0
3 班的 Java 平均分为: 81.25
4 班的 Java 平均分为: 75.2
```

【案例 4-3】　杨辉三角形

我国南宋数学家杨辉所著的《详解九章算法》中提出了用于表示二项式展开后的系数构成的三角图形，称为“开方做法本源”，简称为“杨辉三角形”。这比法国数学家帕斯卡发现的相同规律的“帕斯卡三角形”早 300 多年。杨辉三角形是中国数学史上的伟大成就之一。

微课 4-9

杨辉三角形

杨辉三角形的第 $i+1$ 行是$(a+b)^i$的展开式的系数。下面给出了杨辉三角形的前 4 行的一种显示格式：

```
1
1 1
1 2 1
1 3 3 1
```

请通过 Java 程序实现接收用户输入的行数 n，输出杨辉三角形的前 n 行。

样例输入：

```
4
```

样例输出：

```
1
1 1
1 2 1
1 3 3 1
```

【案例分析】

杨辉三角形的数字显示是由多行和多列组成的，为此可以借用前面所学的二维数组存放这些数字。观察杨辉三角形还会发现以下规律。

（1）第 n 行有 n 个数字。

（2）每一行的开始和结尾数字都为 1，用二维数组的元素表示为 a[i][0]=1、a[i][j]=1（当 i==j 时）。

（3）第 i 行的第 j 个数字等于第 i-1 行的第 j 个数字加上第 i-1 行的第 j-1 个数字，用二维数组的元素表示为 a[i][j]=a[i-1][j]+a[i-1][j-1]。

【程序实现】

```
public class YangHui {
    public static void main(String[] args) {
        Scanner input=new Scanner(System.in);
        System.out.println("请输入杨辉三角形的层数");
        int n=input.nextInt();
        int a[][]=new int[n][];                  //定义存放杨辉三角形的二维数组
        for(int i=0;i<n;i++)
            a[i]=new int[i+1];
        for(int i=0;i<n;i++) {                   //对第一列和对角线上的元素进行初始化
            a[i][0]=1;
            a[i][i]=1;
        }
        for(int i=2;i<n;i++)                     //生成中间的数据
            for(int j=1;j<i;j++)
                a[i][j]=a[i-1][j]+a[i-1][j-1];
        for(int i=0;i<n;i++) {                   //输出
            for(int j=0;j<a[i].length;j++)
                System.out.printf("%5d",a[i][j]);
            System.out.println();
        }
    }
}
```

【运行结果】

上面程序的运行结果如图 4-15 所示。

上面的案例在定义存放杨辉三角形的二维数组时，采用的是“按需分配”，每一行的长度正好等于本行的数字个数，有的程序写法如下：

```
int a[][]=new int[n][n];  //定义存放杨辉三角形的二维数组
```

```
请输入杨辉三角形的层数10
   1
   1    1
   1    2    1
   1    3    3    1
   1    4    6    4    1
   1    5   10   10    5    1
   1    6   15   20   15    6    1
   1    7   21   35   35   21    7    1
   1    8   28   56   70   56   28    8    1
   1    9   36   84  126  126   84   36    9    1
```

图 4-15　杨辉三角形效果

上面的代码定义了一个 n 行和 n 列的二维数组，而这个数组中我们只使用了它的对角线以下的部分，造成了内存资源的浪费。读者在编写程序时要多思考、多观察，精益求精。

模块小结

本模块介绍了用于存储大量同类型数据的数据结构——数组，在介绍一维数组和二维数组的定义、元素访问，一维数组数据的查找以及常用的排序算法等基本知识的同时，通过 3 个案例给出了数组的典型应用。在学习时要特别注意，数组是一种引用数据类型，在定义和内存使用中不同于基本类型。通过本模块的学习，读者应掌握运用数组存取数据的方法，如数组的定义、遍历方法，以及常用的一维数组最值查找方法和排序算法，并能够借用数组解决现实问题。本模块的知识点如图 4-16 所示。

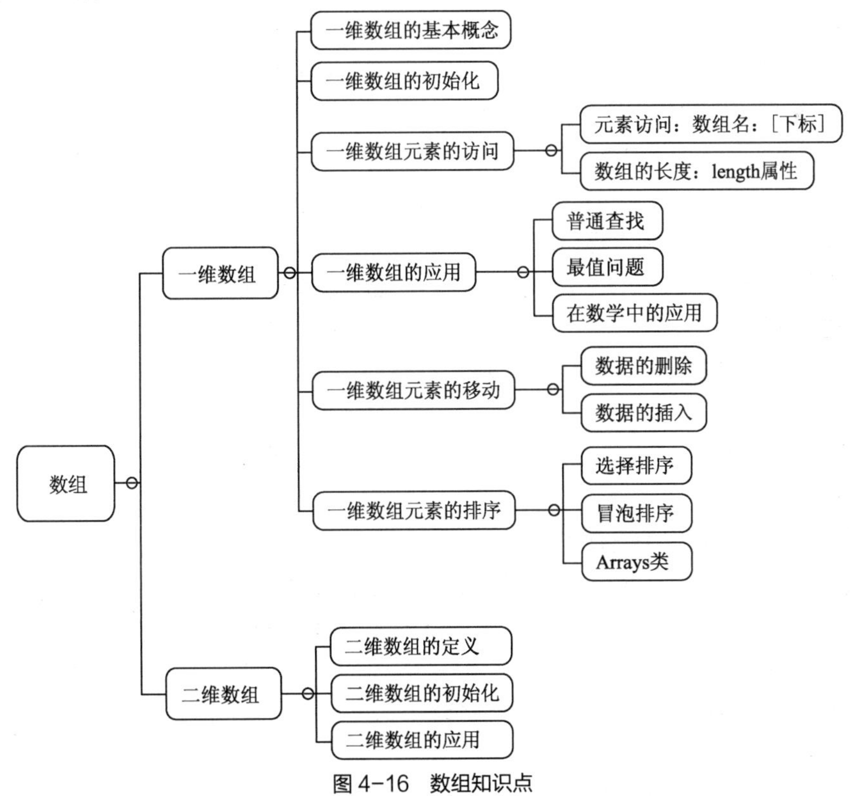

图 4-16　数组知识点

自我检测

一、选择题

1. 数组中可以包含什么类型的元素？（　　）

A. int　　B. String　　C. 数组　　D. 以上都可以

2. Java 中定义数组名为 xyz，下面哪项可以得到数组元素的个数？（　　）

A. xyz.length( )　　B. xyz.length　　C. len(xyz)　　D. length(xyz)

3. 下面哪条语句定义了包含 3 个元素的数组？（　　）

A. int [ ] a={20,30,40};　　B. int a [ ]=new int(3) ;

C. int [3] array;　　D. int arr [3];

4. 有程序如下，则下列关于程序的描述哪个是正确的？（　　）

```
public class Test{
   public static void main(String a[]) {
      int arr[] = new int[10];
      System.out.println(arr[1]);
   }
}
```

A. 编译时将产生错误　　B. 编译正确，但运行时将产生错误

C. 正确，输出 0　　D. 正确，输出 null

5. 执行完代码“int[] x = new int[5];”后，以下哪项说明是正确的？（　　）

A. x[4]为 0　　B. x[4]未定义

C. x[5]为 0　　D. x[0]为未知数

6. 下面的二维数组初始化语句中，正确的是（　　）。

A. float b[2][2]={0.1,0.2,0.3,0.4};　　B. int a[ ][ ]={{1,2},{3,4}};

C. int a[2][ ]= {{1,2},{3,4}};　　D. float a[2][2]={0};

7. 访问数组元素时，数组下标可以是（　　）。

A. 整型常量　　B. 整型变量

C. 整型表达式　　D. 以上均可

8. 数组作为方法的参数时，向被调方法传递的是（　　）。

A. 数组的引用　　B. 数组的栈地址

C. 数组的名字　　D. 数组的元素

二、编程题

1. 查找一个数 x 在数组中出现的次数。

2. 查找一个数组中的最大值，并显示最大值对应的数组中的位置。

3. 如何将一个数组中多个值为 x 的元素删除？请编写程序删除数组{3,2,5,5,1,5,5,9}中所有的 5。

4. 编写方法实现将一个给定的一维数组转置。

例如源数组：1 2 3 4 5 6。

转置之后的数组：6 5 4 3 2 1。

5．现在有如下的一个数组：

```
int oldArr[ ]={1,3,4,5,0,0,6,6,0,5,4,7,6,7,0,5};
```

请编写程序将以上数组中值为 0 的项去掉，将不为 0 的值存入一个新的数组，生成的新数组为：

```
int newArr[ ]={1,3,4,5,6,6,5,4,7,6,7,5};
```

6．编写一个程序，生成 0~9 的 100 个随机整数并且统计每一个数产生的次数。

7．编程实现矩阵的转置。矩阵的转置是指将矩阵的行、列互换得到新矩阵。

8．某年级的考试成绩如表 4-4 所示，请分析表 4-4 中 1 班、2 班哪个班的考试成绩好。（计算每个班的平均成绩和方差。）

表 4-4　成绩

班级	分数				
1 班	89	95	88	59	64
2 班	89	79	90	58	

自我评价

技能目标	熟练掌握一维数组的定义、初始化，数组元素的查找、插入、删除，常用的排序——选择排序、冒泡排序，二维数组的定义、应用			
程序员综合素养自我评价	需求分析能力	编码规范化	软件测试能力	团队协作能力

模块5 面向对象基础

05

学习目标（含素养要点）：

- 熟悉面向对象的 3 个特征。
- 掌握类的定义，以及对象的创建与使用。
- 掌握构造方法，以及 this 和 static 关键字的使用。
- 掌握继承的概念、方法的重写、super 关键字（科技报国）。
- 掌握多态的使用（创新思维）。

面向对象是一种程序设计思想，是相对于面向过程来讲的。面向对象是一种对现实世界理解和抽象的方法，它把相关的数据和方法组织为一个整体来看待，从更高的层次来进行系统建模。正如现实生活中存在各种形态不同的事物，同时这些事物之间存在着各种各样的联系。在程序中，就可以使用对象来映射现实中的事物，使用对象的关系来描述事物之间的联系，这就是面向对象的思想。很显然，它更贴近事物的自然运行模式，更符合人类的思维习惯，是一种直观而且结构简单的程序设计方法。

5.1 面向对象的特征

面向对象的特征主要可以概括为封装性、继承性和多态性。

1. 封装性

将对象的属性和行为封装起来，尽可能地隐藏内部的细节，只保留一些对外的接口，使之与外部发生联系，这就是封装的思想。例如，用户使用计算机执行某个操作时，只需要用手指按键盘就可以了，无须知道计算机内部是如何工作的。封装性是面向对象的核心特征之一。

2. 继承性

继承性主要描述的是类与类之间的关系。继承也是一种代码复用的手段，通过继承，可以在无须重新编写原有类的情况下对原有类的功能进行扩展。例如，有一个鼠标类，该类描述了鼠标的普遍特性和功能，而无线鼠标类不仅应该包含鼠标的普遍特性和功能，还应该包含无线鼠标特有的功能。这时可以让无线鼠标类继承鼠标类，在无线鼠标类中单独添加无线鼠标所特有的功能就可以了。读者可以发现，继承性不仅可增强代码的复用性，可提高开发效率，还可为程序的扩展提供便利。

3. 多态性

多态性指的是在父类中定义的属性和方法被子类继承之后，可以具有不同的数据类型或表现出不同的行为，这使得同一个属性或方法在父类及其各个子类中具有不同的含义。例如，当提到动物发出叫声时，狗的叫声是“汪汪”，而猫的叫声是“喵喵”，不同的对象所表现的行为是不一样的。

下面将围绕这 3 个特征来介绍。

5.2 类与对象

类与对象是面向对象编程中较重要、核心的两个基本概念。其中，类是对某一类事物的抽象描述，而对象用于表示现实中该类事物的个体。下面通过图 5-1 来描述类与对象的关系。

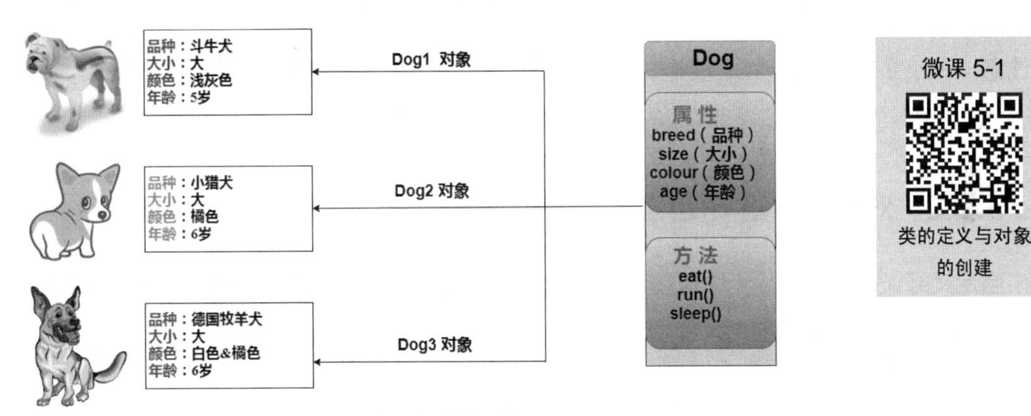

图 5-1　类与对象

在图 5-1 中，斗牛犬、小猎犬、德国牧羊犬是现实中存在的一个个对象，它们有许多共同的特征和行为，与右边的 Dog 类中的成员一一对应。可以发现，类用来描述多个对象的共同特征，是对象的模板，而对象用来描述现实中的个体，它是类的实例。一个类可以创建出无数个具体实例——对象。

从同类对象中抽取主要特性封装为类，然后用类构造实例，即对象。正如辩证法在人类认识事物过程中的应用，人类认识事物总是由个别到一般，再由一般到个别。

5.2.1 类的定义

前面已经提到，类是对象的抽象，用于描述某一类对象共同具有的特征和行为，因此在类中可以定义成员变量和成员方法，其中成员变量用于描述对象的特征，也叫作属性；成员方法用于描述对象的行为，可简称为方法。在 Java 中定义一个类，语法格式如下：

```
[修饰符] class 类名 {
        成员变量的定义;
        成员方法的定义;
}
```

说明 修饰符包括 public、final、abstract 等，关于这些修饰符的含义后文有详细介绍，目前在定义类的时候可不加。

【例 5-1】定义人类。

```
class Person{               // 定义人类
    String name;            // 定义成员变量 name 表示名字，字符串型
    int age;                // 定义成员变量 age 表示年龄，int 型
    void speak(){           // 定义成员方法 speak()表示说话的行为
        // 在成员方法中可直接访问成员变量 name、age
        System.out.println("大家好，我叫"+name+"，我今年"+age+"岁了");
    }
}
```

注意 关于字符串，在“7.2 字符串类”中有专门的介绍，此处可简单理解字符串就是一连串的字符。

5.2.2 对象的创建与使用

当定义好类之后，下一步便是创建类的实例对象了。一个类可以生成多个对象。Java 中，创建类的实例对象的语法格式如下：

```
类名 对象名称 = new 类名();
```

例如，创建一个 Person 类的实例对象，代码如下：

```
Person p = new Person();
```

在上面的代码中，“new Person()”用于创建 Person 类的实例对象，“Person p”则可看作声明了一个 Person 类型的变量 p，通过“=”将创建的 Person 对象在内存中的地址赋值给变量 p，这样变量 p 便持有了该对象的引用。通常将变量 p 引用的对象简称为 p 对象。图 5-2 所示描述了变量 p 和对象之间的引用关系。

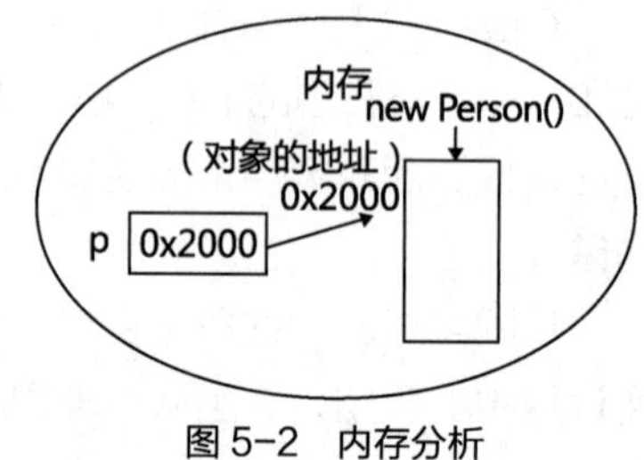

图 5-2 内存分析

创建 Person 类的对象后，便可以通过对象的引用来访问对象的成员了，语法格式如下：

```
对象引用.成员
```

【例 5-2】创建对象并访问对象的成员。

```
public class Example5_2 {
    public static void main(String[] args) {
        Person p1=new Person();             //创建第一个 Person 对象 p1
        p1.name="张三";                     //为 p1 对象的 name 属性赋值
        p1.age=20;                          //为 p1 对象的 age 属性赋值
        p1.speak();                         //调用 p1 对象的 speak()方法
        Person p2=new Person();             //创建第二个 Person 对象 p2
        p2.name="李四";                     //为 p2 对象的 name 属性赋值
        p2.age=25;                          //为 p2 对象的 age 属性赋值
```

```
        p2.speak();                          //调用 p2 对象的 speak()方法
    }
}
```

【运行结果】

```
大家好，我叫张三，我今年 20 岁了
大家好，我叫李四，我今年 25 岁了
```

在上面的代码中，“p1”“p2”分别引用了 Person 类的两个实例对象，这两个对象是完全独立的个体，分别拥有各自的 name、age 属性和 speak()方法，在访问的时候互不影响。在程序运行期间，p1、p2 对象在内存中的状态如图 5-3 所示。

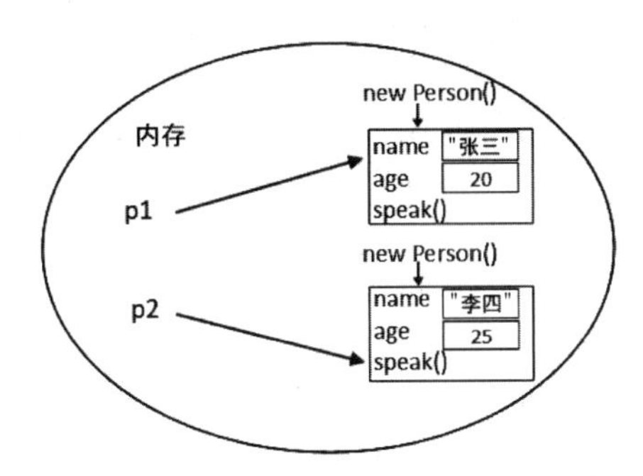

图 5-3　p1 和 p2 对象在内存中的状态

注意　如果创建完一个对象却不给其属性赋值，则属性是有默认值的。例如，创建完 p2 对象，不给 name 属性赋值，默认值是 null；如果不给 age 属性赋值，则默认值是 0。这是因为在实例化对象时，Java 虚拟机会自动对其成员变量进行初始化，且针对不同类型的成员变量，Java 虚拟机会赋予不同的初始值。例如，byte、short、int、long 型成员变量的初始值都是 0；float、double 型成员变量的初始值都是 0.0；char 型成员变量的初始值是空字符，即''；boolean 型成员变量的初始值是 false；引用数据类型成员变量的初始值则是 null。

5.2.3　构造方法

通过前面的例题可以看到，创建完一个类的对象后，才可以给它的各个属性赋值。如果想要在创建对象的同时就为这个对象的属性赋值，可以通过构造方法来实现。

构造方法是类的一种特殊方法，可用来初始化类的一个实例对象。它在创建对象（使用 new 关键字）之后自动调用。构造方法有以下特点。

微课 5-2

构造方法

（1）方法名与类名相同。

（2）没有任何返回值，连 void 关键字都不需要。

（3）只能与 new 关键字结合使用。

【例 5-3】在 Person 类中定义构造方法。

```
class Person{
    String name;
```

```
    int age;
    Person(String n,int a) {   //定义构造方法
        name=n;                //给 name 属性赋值
        age=a;     //给 age 属性赋值
    }
    void speak(){
        System.out.println("大家好，我叫"+name+"，我今年"+age+"岁了");
    }
}
public class Example5_3 {
    public static void main(String[] args) {
        Person p1=new Person("张三",20);     //创建 Person 对象 p1 时调用构造方法
        p1.speak();
        Person p2= new Person("李四",25);    //创建 Person 对象 p2 时调用构造方法
        p2.speak();
    }
}
```

【运行结果】

```
大家好，我叫张三，我今年 20 岁了
大家好，我叫李四，我今年 25 岁了
```

从运行结果可以发现，在创建 Person 对象时会自动调用 Person 类中的构造方法。除了会创建 Person 对象，“new Person("张三",20)”“new Person("李四",25)”语句还会调用构造方法 Person(String n,int a)。

说明 如果开发者没有为一个类定义任何构造方法，那么 Java 会自动为每个类创建一个默认的构造方法。这个默认的构造方法没有任何参数，在其方法体（一个方法可以分为方法头和方法体，方法头即方法定义的第一行中包含返回值类型、方法名、参数列表的部分，而方法体即大括号括起来的内容）中也没有任何代码，即什么也不做。

下面代码中 Person 类的两种写法的效果是完全一样的。

第一种写法：

```
class Person{
    …
}
```

第二种写法：

```
class Person{
    Person(){
    }
 …
}
```

这就是在例 5-2 中，通过“new Person()”这样的语句来创建对象并没有报错的原因。由于系统提供的默认的构造方法往往不能满足需求，因此，可以自己在类中定义构造方法。一旦为该类定义了构造方法，系统就不再提供默认的构造方法了。如果在例 5-3 中，还通过“new Person()”这样的语句创建对象就会报错。为了避免出现这样的错误，在一个类中如果定义了有参的构造方法，

最好再定义一个无参的构造方法。

一般情况下，构造方法是用来在创建对象时为对象的属性赋初始值的。

一个类中可以定义多个构造方法，这叫作构造方法的重载，在后文中会有详细的介绍。

5.2.4 this 关键字

在例 5-3 中定义构造方法时，方法的形参用 n 表示名字、a 表示年龄，程序的可读性很差。如果形参用 name 表示名字、age 表示年龄，这样会让程序可读性增强，但又会导致成员变量名称与局部变量（一个方法中定义的变量、形参均为局部变量）名称冲突，在方法中将无法访问成员变量 name、age。为了解决这个问题，Java 提供了一个关键字 this，它指代当前对象，可用于表示访问这个对象的成员。

微课 5-3

this 关键字

下面对例 5-3 定义的构造方法进行修改，代码如下：

```
class Person{
    String name;
    int age;
    Person(String name,int age) {
        this.name=name;          // 给 name 属性赋值为 name
        this.age=age;            // 给 age 属性赋值为 age
    }
    … // Person 类的其他方法
}
```

在上面的代码中，构造方法的参数被定义为“name”“age”，它们是局部变量。在类中还定义了两个成员变量，名称也是“name”“age”，在构造方法中如果直接使用“name”“age”，则会访问局部变量，但如果使用“this.name”“this.age”，则会访问成员变量。

this 这个关键字还有第二种用法。前面介绍过，一个类中可以定义多个构造方法，构造方法是在创建对象时被 Java 虚拟机自动调用的。读者在程序中不能像调用其他方法一样去调用构造方法，但可以在一个构造方法中使用“this([参数 1,参数 2,…])”的形式来调用其他的构造方法。

【例 5-4】构造方法的调用。

```
class Person{
    String name;
    int age;
    Person(String name) {
        this.name=name;
    }
    Person(String name,int age) {
        this(name);                              //调用前面定义的构造方法
        this.age=age;
    }
    void speak(){
        System.out.println("大家好，我叫"+name+"，我今年"+age+"岁了");
    }
}
public class Example5_4 {
```

```
    public static void main(String[] args) {
        Person p1=new Person("张三");          //调用第一个构造方法
        p1.speak();
        Person p2= new Person("李四",25);     //调用第二个构造方法
        p2.speak();
    }
}
```

【运行结果】

```
大家好，我叫张三，我今年 0 岁了
大家好，我叫李四，我今年 25 岁了
```

在一个构造方法中使用 this 调用另一个构造方法时，需要注意以下几点。

（1）不能在成员方法中使用 this 来调用构造方法。

（2）在构造方法中，使用 this 调用另外一个构造方法的语句必须位于第一行，且只能出现一次。

（3）不能在两个构造方法中使用 this 互相调用。

5.2.5 static 关键字

static 是 Java 中的一个关键字或者修饰符，它表示静态，可用于修饰类中的成员变量、成员方法以及代码块。被 static 修饰的成员具有一些特殊性，下面分别详细介绍。

微课 5-4
static 关键字

1. 静态变量

前面介绍过，基于一个类可以创建多个该类的对象。每个对象都拥有自己的存储空间，存储各自的数据，对象与对象之间是互相独立的。然而在某些时候，我们希望某些特定的数据在内存中只有一份，而且能够被该类所有的对象所共享，例如某个学校所有的学生共享同一个学校名称。

在 Java 中，可以通过 static 关键字来修饰类的成员变量，该变量称为静态变量。静态变量被该类所有的实例对象共享。在访问时，可以通过"对象名.静态变量名"的形式来访问，还可以通过"类名.静态变量名"的形式来访问。

【例 5-5】静态变量的使用。

```
class Person{
    static String country;                      //定义静态变量 country
}
public class Example5_5 {
    public static void main(String[] args) {
        Person p1=new Person ();
        p1. country ="中国";                    //通过对象访问静态变量并为其赋值
        Person p2=new Person();
        System.out.println(p2.country);
        Person.country="中华人民共和国";         //通过类访问静态变量并为其赋值
        System.out.println(p1.country);
        System.out.println(p2.country);
    }
}
```

【运行结果】

```
中国
中华人民共和国
中华人民共和国
```

从运行结果可以发现，静态变量 country 被所有的 Person 对象所共享。

2. 静态方法

在实际开发中，有时希望在不创建对象的情况下就可以调用某个方法，换句话说，该方法不必和对象绑在一起。要达到这样的效果，只需要在类中定义的方法前加上 static 关键字即可，通常称这种方法为静态方法。同静态变量一样，静态方法可以使用“类名.静态方法名”的方式来访问，也可以通过“对象名.静态方法名”来访问。

【例 5-6】静态方法的使用。

```
class Person {
    static void sayHello(){          // 定义静态方法
        System.out.println("你好");
    }
}
public class Example5_6 {
    public static void main(String[] args) {
        Person.sayHello();
        Person p1=new Person ();
        p1.sayHello();
    }
}
```

【运行结果】

```
你好
你好
```

注意　静态方法中只能访问 static 修饰的成员。

3. 静态代码块

代码块就是用花括号将多行代码封装在一起，形成的独立代码区。用 static 关键字修饰的代码块叫作静态代码块。当类被加载时，静态代码块会执行。由于类只被加载一次，因此静态代码块只执行一次。

【例 5-7】静态代码块的使用。

```
class Person {
    String name;
    Person(String name) {
        this.name=name;
        System.out.println("构造方法被调用了");
    }
    void speak(){
        System.out.println("大家好，我叫"+name+");
    }
    static {
        System.out.println("执行静态代码块");
```

```
    }
}
public class Example5_7 {
    public static void main(String[] args) {
        Person p1=new Person("张三");
        p1.speak();
        Person p2= new Person("李四");
        p2.speak();
    }
}
```

【运行结果】

```
执行静态代码块
构造方法被调用了
大家好，我叫张三
构造方法被调用了
大家好，我叫李四
```

在上面的代码中，创建了两个 Person 对象，并分别调用了它们的 speak()方法。在创建对象的过程中，静态代码块只执行了一次。这说明静态代码块只有在第一次使用类时才会被加载，并且只会被加载一次。

5.2.6 访问权限修饰符

Java 采用访问权限修饰符来控制类及类中成员的访问权限，从而向使用者暴露接口，但隐藏实现细节。访问权限分为以下 4 种级别。

（1）private（类访问级别）：如果类的成员被 private 访问权限修饰符修饰，那么这个成员只能被该类的其他成员访问，其他类无法直接访问。类的良好封装性就是通过 private 关键字来实现的。

（2）default（包访问级别）：如果一个类或者类的成员不使用任何访问权限修饰符修饰，那么称这个访问权限级别为默认访问权限级别（包访问级别），表示这个类或者类的成员只能被本包中的类访问。

（3）protected（子类访问级别）：如果一个类的成员被 protected 访问权限修饰符修饰，那么这个成员既能被同一包下的类访问，也能被不同包中该类的子类访问。

（4）public（公共访问级别）：这是最宽松的访问权限级别。如果一个类或者类的成员被 public 访问权限修饰符修饰，那么这个类或者类的成员能被所有的类访问，无论访问类与被访问类是否在同一个包中。

下面通过表 5-1 将这 4 种访问权限级别更加直观地表示出来。

表 5-1 访问权限级别

访问范围	访问权限修饰符			
	private	default	protected	public
同一类	√	√	√	√
同一包中的类		√	√	√
不同包中的子类			√	√
其他包中的类				√

【案例 5-1】 宠物之家（一）

本案例将设计一款电子宠物系统——宠物之家，在该系统中，你可以领养自己喜欢的宠物。你更喜欢狗、猫、小仓鼠，还是小兔子呢？这些都可以领养。你可以为宠物起名字，可以选择宠物性别，还可以给宠物喂食、陪你的宠物玩耍。

【案例分析】

（1）在宠物之家中有各种各样的宠物，如宠物狗、宠物猫、宠物兔等。为了简化程序，当前只设计两款宠物（宠物猫和宠物狗）并领养它们。因此在程序中需要定义两个类，一个类 Cat 表示宠物猫，另一个类 Dog 表示宠物狗。

（2）宠物猫类 Cat 具有的属性有昵称（name）、品种（strain），具有的方法有自我介绍（introduce()）、吃食（eat()）。宠物狗类 Dog 具有的属性有昵称（name）、性别（sex），具有的方法有自我介绍（introduce()）、吃食（eat()）。

（3）在测试类中，可以领养宠物。领养时首先输入要领养的宠物猫的昵称，然后选择宠物猫的品种，有两种选择："波斯猫"或者"挪威的森林"。如果领养的是宠物狗，要选择宠物狗的性别："狗 GG"或"狗 MM"。领养宠物后，可对宠物进行的操作有：查看宠物信息以及给宠物喂食。

【程序实现】

宠物狗类：

```
public class Dog {              // 定义宠物狗类
    private String name;        // 昵称
    private String sex;         // 性别
    public Dog(String name, String sex) {
        this.name = name;
        this.sex = sex;
    }
    //下面定义的是 Dog 类的 getter()和 setter()方法
    public String getName() {
        return name;
    }
    public void setName(String name) {
        this.name = name;
    }
    public String getSex() {
        return sex;
    }
    public void setSex(String sex) {
        this.sex = sex;
    }
    public void introduce() {  // 定义 introduce()方法，输出狗的信息
        System.out.println("亲爱的主人，我的名字叫" + this.name + "，是一只可爱的" +
this.sex+ "。");
    }
    public void eat(){          // 定义 eat()方法，表示狗吃食
        System.out.println("狗狗"+this.name+"吃饱啦！");
```

```
    }
}
```

说明：在设置类的属性时，我们通常会对数据进行封装，这样可以增加数据访问限制，提高程序可维护性。实现方法是：用 private 修饰一个属性，再编写一对公共的访问方法，用于外部访问或者修改该属性的值。例如，上面定义了属性 private String name;则在方法中定义一个 getter() 和 setter()方法，如下所示。

```
public String getName() {
        return name;
    }
    public void setName(String name) {
        this.name = name;
    }
```

宠物猫类：

```
public class Cat {                // 定义宠物猫类
    private String name;         // 昵称
    private String strain;       // 品种
    …//此处省略了 Cat 类的 getter()、setter()方法
    public void introduce() {  // 定义 introduce()方法，输出猫的信息
        System.out.println("亲爱的主人，我的名字叫" + this.name + "，是一只纯种的" +
this.strain+ "。");
    }
    public void eat(){           // 定义 eat()方法，表示猫吃食
        System.out.println("猫咪"+this.name+"吃饱啦！ ");
    }
}
```

测试类：

```
import java.util.Scanner;
public class AdoptTest {
    public static void main(String[] args) {
        Scanner input = new Scanner(System.in);
        System.out.println("欢迎您来到宠物之家！");
        System.out.println("************************");
        System.out.print("请输入要领养的宠物猫咪名字：");
        String name1 = input.next();    // 1.1  输入宠物名称
        System.out.println();
        System.out.print("请选择猫咪的品种:(1、波斯猫" + " 2、挪威的森林)");//1.2 选择猫咪品种
        String strain = null;
        if (input.nextInt() == 1) {
            strain = "波斯猫";
        } else {
            strain = "挪威的森林";
        }
        Cat cat = new Cat(name1,strain);    // 1.3 创建 Cat 对象并赋值
        cat.introduce();                    // 1.4 输出宠物信息
        cat.eat();                          // 1.5 给宠物喂食
        System.out.print("请输入要领养的宠物狗狗的名字：");
        String name2 = input.next();        // 2.1  输入宠物名称
        System.out.println();
```

```
        System.out.print("请选择狗狗的性别:(1、狗 GG" + " 2、狗 MM)");//2.2 选择狗的性别
        String sex = null;
        if (input.nextInt() == 1) {
            sex = "狗 GG";
        } else {
            sex = "狗 MM";
        }
        Dog dog = new Dog(name2,sex);        // 2.3 创建 Dog 对象并赋值
        dog.introduce();                     // 2.4 输出宠物信息
        dog.eat();                           // 2.5 给宠物喂食
        System.out.println("退出了宠物之家! ");
    }
}
```

【运行结果】

```
欢迎您来到宠物之家!
************************
请输入要领养的宠物猫的名字: 小黄
请选择猫咪的品种:(1. 波斯猫 2. 挪威的森林)1
亲爱的主人，我的名字叫小黄，是一只纯种的波斯猫。
猫咪小黄吃饱啦!
请输入要领养的宠物狗狗的名字: 小黑
请选择狗狗的性别:(1. 狗 GG 2. 狗 MM)1
亲爱的主人，我的名字叫小黑，是一只可爱的狗 GG。
狗狗小黑吃饱啦!
退出了宠物之家!
```

5.3 继承

在程序中，继承描述的是事物之间的所属关系，通过继承可以使多种事物之间形成一种关系体系。例如猫和狗都属于动物，程序中便描述为猫和狗继承自动物。同理，哈巴狗和沙皮狗继承自狗，波斯猫和巴厘猫继承自猫，这些动物之间形成一个继承体系。

继承性是面向对象的三大特征之一，程序中的继承和现实生活中的“继承”的相似之处是保留父辈的一些特性，从而减少代码冗余，提高程序运行效率。

5.3.1 继承的概念

继承在已经存在的类的基础上进行扩展，从而产生新的类。已经存在的类称为父类、基类或超类，而新产生的类称为子类或派生类。在子类中，不仅包含父类的属性和方法，还可以增加新的属性和方法。

微课 5-5

继承与方法重写

Java 中子类继承父类的语法格式如下:

```
修饰符 class SubClass extends SuperClass {
    // 类的主体
}
```

其中，SubClass 表示子类（派生类）; SuperClass 表示父类（基类）。

【例 5-8】继承的使用。

```
class Pet {
    String name;                        // 定义 name 属性
    void eat() {                        // 定义宠物吃东西的方法
        System.out.println(name+"宠物吃东西");
    }
}
class Dog extends Pet {                 // 定义 Dog 类继承 Pet 类
    public void printName() {           // 定义一个输出 name 值的方法
        System.out.println("name=" + name);
    }
}
public class Example5_8 {               // 定义测试类
    public static void main(String[] args) {
        Dog dog = new Dog();            // 创建一个 Dog 类的实例对象
        dog.name = "小黑";              // 为 dog 对象的 name 属性赋值
        dog.printName();                // 调用 dog 对象的 printName()方法
        dog.eat();                      // 调用 dog 对象继承来的 eat()方法
    }
}
```

【运行结果】

```
name=小黑
小黑宠物吃东西
```

从运行结果可以发现，子类 Dog 虽然没有定义 name 属性和 eat()方法，却能访问这两个成员。这就说明，子类在继承父类的时候，会自动拥有父类的所有成员。除了具有从父类继承的内容外，子类 Dog 还具有子类中定义的 printName()方法。

可以看到，使用继承可增强代码的复用性，也可提高软件的开发效率。另外，继承让类与类之间产生了关系，为多态提供了前提条件。

在类的继承中，需要注意一些问题，具体如下。

（1）在 Java 中，类只支持单继承，不允许多重继承，也就是说，一个类只能有一个直接父类。例如，下面这个情况是不合法的。

```
class A{ }
class B{ }
class C extends A,B{ }          // 类 C 不可以直接继承类 A 和类 B
```

（2）多个类可以继承一个父类。例如，下面这个情况是允许的。

```
class A{ }
class B extends A{ }
class C extends A{ }            // 类 B 和类 C 都可以继承类 A
```

（3）在 Java 中，多层继承是可以的，即一个类的父类可以再去继承另外的父类。例如，下面这个情况是允许的。

```
class A{ }
class B extends A{ }            // 类 B 继承类 A
class C extends B{ }            // 类 C 继承类 B
```

（4）在 Java 中，子类和父类是一种相对概念，也就是说，一个类是某个类的父类的同时也可以是另一个类的子类。例如，在上面的示例中，B 类是 A 类的子类，同时又是 C 类的父类。

5.3.2 方法的重写

在继承关系中，子类会自动继承父类中定义的方法，但有时子类并不想原封不动地继承父类的方法，而想做一定的修改，这就需要对父类的方法进行重写。

注意 在子类中重写的方法需要和父类中被重写的方法具有相同的方法名、参数列表以及返回值类型。

在例 5-8 中，Dog 类从 Pet 类继承了 eat()方法，该方法被调用时会输出“宠物吃东西”，这明显不能描述具体宠物吃的食物。例如，狗吃的应该是骨头。为了解决这个问题，可在 Dog 类中重写父类 Pet 中的 eat()方法，如例 5-9 所示。

【例 5-9】方法的重写。

```
class Pet {
    void eat() {            // 定义宠物吃东西的方法
        System.out.println("宠物吃东西");
    }
}
class Dog extends Pet {         // 定义 Dog 类继承 Pet 类
    void eat() {                // 重写 eat()方法
        System.out.println("狗吃骨头");
    }
}
public class Example5_9 {       // 定义测试类
    public static void main(String[] args) {
        Dog dog = new Dog();    // 创建一个 Dog 类的实例对象
        dog.eat();              // 调用 dog 对象重写的 eat()方法
    }
}
```

【运行结果】

```
狗吃骨头
```

从运行结果可以看出，在调用 Dog 对象的 eat()方法时，只会调用子类重写的方法，并不会调用父类的 eat()方法。

注意 子类在重写父类方法时，不能使用比父类中被重写的方法更严格的访问权限。例如，父类中的方法权限是 default，子类的方法权限就不能是 private 的，可以是 public、default 或者 protected 的。

5.3.3 super 关键字

从例 5-9 的运行结果可以发现，当子类重写父类的方法后，子类对象将无法访问父类被重写的方法。为了解决这一问题，在 Java 中专门提供了一个 super 关键字。它可用于在子类中访问父类的成员（成员变量、成员方法和构造方法）。

微课 5-6

super 关键字

super 关键字的用法如下。

1. super 关键字可以用来引用父类的实例变量、调用父类方法

【例 5-10】super 关键字的使用。

```
class Pet {                          // 定义 Pet 类
    String name = "宠物";             // 定义成员变量 name 并赋值
    void eat() {                     // 定义宠物吃东西的方法
        System.out.println("宠物吃东西");
    }
}
class Dog extends Pet {              // 定义 Dog 类继承 Pet 类
    String name = "犬类";             // 重写父类的成员变量 name
    void eat() {                     // 重写父类的 eat()方法
        System.out.println("狗吃骨头");
        super.eat();                 // 访问父类的 eat()方法
    }
    void printName() {               // 定义输出 name 值的方法
        System.out.println("name=" +name);                  // 访问子类的成员变量 name
        System.out.println("super.name="+super.name);   // 访问父类的成员变量 name
    }
}
public class Example5_10 {               // 定义测试类
    public static void main(String[] args) {
        Dog dog = new Dog();             // 创建一个 Dog 类的对象
        dog.eat();                       // 调用 dog 对象重写的 eat()方法
        dog.printName();                 // 调用 dog 对象的 printName()方法
    }
}
```

【运行结果】

```
狗吃骨头
宠物吃东西
name=犬类
super.name=宠物
```

在上面的代码中，定义了 Dog 类继承自 Pet 类，并在 Dog 类中重写了父类的 name 属性和 eat()方法。在子类 Dog 中，如果想要访问父类的 name 属性和 eat()方法，需要通过 super 关键字，使用“super.name”访问父类被隐藏的 name 属性，使用“super.eat()”调用父类被重写的方法。

2. super()可以用来调用父类的构造方法

由于子类不能继承父类的构造方法，因此要调用父类的构造方法，必须在子类的构造方法的第一行使用 super()来调用。该方法会调用父类相应的构造方法来完成子类对象的初始化工作。

【例 5-11】通过 super()调用父类的构造方法。

```
class Pet {                              // 定义 Pet 类
    public Pet(String name) {            // 定义 Pet 类有参的构造方法
        System.out.println("我是一只" + name);
    }
```

```
}
class Dog extends Pet {                // 定义 Dog 类继承 Pet 类
    public Dog() {
        super("沙皮狗");                // 调用父类有参的构造方法
    }
}
public class Example5_11 {             // 定义测试类
    public static void main(String[] args) {
        Dog dog = new Dog();           // 实例化 Dog 类的对象
    }
}
```

【运行结果】

```
我是一只沙皮狗
```

在上面的代码中，通过“super("沙皮狗")”在子类的构造方法中显式地调用父类中的构造方法。

注意 通过 super()调用父类构造方法的代码，必须位于子类构造方法体的第一行，且只能出现一次。

在例 5-11 中，如果将“super("沙皮狗");”这一行代码注释掉，程序编译后将报错，提示“Implicit super constructor Pet() is undefined. Must explicitly invoke another constructor”，意思是隐式的父类构造方法Pet()没有被定义，必须显式地调用另一个构造方法。这里出错的原因是，在子类的构造方法中一定会调用父类的某个构造方法，可以在子类的构造方法中通过 super()指定调用父类的哪个构造方法，如果没有指定，在实例化子类对象时，会自动调用父类无参的构造方法。而在上面的代码中，因为定义了有参的构造方法“Pet(String name)”，而没有定义无参的构造方法 Pet()，所以报错。

为了解决上述程序的编译错误，可以在子类中调用父类已有的构造方法，当然也可以选择在父类中定义无参的构造方法。现对例 5-11 中的 Pet 类进行修改，如下所示。

【例 5-12】在 Pet 类中定义无参构造方法。

```
class Pet {                            // 定义 Pet 类
    public Pet() {                     // 定义 Pet 无参的构造方法
        System.out.println("我是一只宠物");
    }
    public Pet(String name) {          // 定义 Pet 类有参的构造方法
        System.out.println("我是一只" + name);
    }
}
class Dog extends Pet {                // 定义 Dog 类继承 Pet 类
    public Dog() {
        super("沙皮狗");                // 调用父类有参的构造方法
    }
}
public class Example5_12 {             // 定义测试类
    public static void main(String[] args) {
        Dog dog = new Dog();           // 实例化 Dog 类的对象
    }
}
```

【运行结果】

```
我是一只沙皮狗
```

因此，在定义一个类时，如果没有特殊需求，尽量在类中定义一个无参的构造方法，避免类被继承时出现错误。

【案例 5-2】 宠物之家（二）

在案例 5-1 的宠物之家中，我们用类和对象的知识，设计实现了宠物猫类和宠物狗类，并进行了领养测试，但发现宠物猫类和宠物狗类中，部分属性和方法是重复的，因此本案例的任务是对前面的案例进行优化，同时为它们各自定义一个玩耍方法 play()，其中宠物猫的玩耍方式是滚球，宠物狗的玩耍方式则是吹泡泡。领养宠物后，可以执行的操作有查看宠物信息、给宠物喂食，以及和宠物玩游戏，如果宠物是猫则滚球，是狗则吹泡泡。

【案例分析】

（1）从宠物猫类（Cat）和宠物狗类（Dog）中抽取出共同父类宠物类（Pet），把它们共同的属性和方法放到父类中，子类可以继承父类的属性和方法，同时也可以增加自己的属性和方法，从而解决代码的重复问题。

（2）Pet 类具有的属性有昵称（name），具有的方法有自我介绍（introduce()）、吃食（eat()）。Cat 类继承 Pet 类以上属性和方法的同时，还具有自己特有的属性——品种（strain），以及特有的方法——重写自我介绍（introduce()）和滚球（rollBall()）。Dog 类继承 Pet 类以上属性和方法的同时，还具有自己特有的属性——性别（sex），以及特有的方法——重写自我介绍（introduce()）和吹泡泡（blowBubbles()）。

（3）在宠物猫类 Cat 和宠物狗类 Dog 重写的自我介绍方法 introduce()中，需要调用父类 Pet 中的 introduce()方法，可以通过 super 关键字实现。

【程序实现】

宠物类：

```
public class Pet {                    // 定义 Pet 类
   private String name ;              // 昵称
public Pet(String name) {
      this.name = name;
   }
   …//Pet 类 getName()、setName()方法
   public void introduce() {          // 定义 introduce()方法，输出宠物的信息
      System.out.println("亲爱的主人，我的名字叫" + this.name + "。");
   }
   public void eat(){                 // 定义 eat()方法，表示宠物吃食
      System.out.println(this.getName()+"吃饱啦！");
   }
}
```

宠物猫类：

```
public class Cat extends Pet{         // 定义 Cat 类继承 Pet 类
   private String strain;             // 品种
```

```
    public Cat(String name, String strain) {
        super(name);
        this.strain = strain;
    }
    …//Cat 类的 getStrain()、setStrain()方法
    public void introduce() {       // 重写 Pet 类的 introduce()方法
        super.introduce();          //调用父类隐藏的方法
        System.out.println("我是一只纯种的" + this.strain+"。");
    }
    public void rollBall(){         // 定义滚球方法 rollBall()
        System.out.println(this.getName()+"正在滚球。");
    }
}
```

宠物狗类：

```
public class Dog extends Pet  {    // 定义 Dog 类继承 Pet 类
    private String sex;            // 性别
public Dog(String name, String sex)  {
        super(name);
        this.sex = sex;
    }
    …//Dog 类的 getSex()、setSex()方法
    public void introduce()  {      // 重写 Pet 类的 introduce()方法
        super.introduce();          // 调用父类隐藏的方法
        System.out.println("我是一只可爱的" + this.sex+"。");
    }
    public void blowBubbles()  {    // 定义吹泡泡方法 blowBubbles()
        System.out.println(this.getName()+"正玩吹泡泡。");
        }
    }
}
```

测试类：

```
import java.util.Scanner;
public class AdoptTest {
    public static void main(String[] args)  {
        Scanner input = new Scanner(System.in);
        System.out.println("欢迎您来到宠物之家！");
        System.out.println("************************");
        System.out.print("请输入要领养的宠物猫咪的名字：");
        String name1 = input.next();    // 1.1  输入宠物名称
        System.out.println();
        //1.2 选择猫品种
        System.out.print("请选择猫咪的品种：（1. 波斯猫" + " 2. 挪威的森林）");
        String strain = null;
        if (input.nextInt() == 1) {
            strain = "波斯猫";
        } else {
            strain = "挪威的森林";
        }
        Cat cat = new Cat(name1,strain);    // 1.3 创建 Cat 对象并赋值
```

```
        cat.introduce();                          // 1.4 输出宠物信息
        cat.eat();                                // 1.5 给宠物喂食
        cat.rollBall();                           // 1.6 让猫咪滚球
        …//省略了领养宠物狗的一系列操作
    }
}
```

【运行结果】

```
欢迎您来到宠物之家！
***********************
请输入要领养的宠物猫咪的名字：小黄
请选择猫咪的品种：（1. 波斯猫 2. 挪威的森林）2
亲爱的主人，我的名字叫小黄。
我是一只纯种的挪威的森林。
小黄吃饱啦！
小黄正在滚球。
请输入要领养的宠物狗的名字：小黑
请选择狗狗的性别：（1. 狗GG 2. 狗MM）2
亲爱的主人，我的名字叫小黑。
我是一只可爱的狗MM。
小黑吃饱啦！
小黑正玩吹泡泡。
退出了宠物之家！
```

【案例 5-3】 汽车租赁系统（一）

本案例是为一家汽车租赁公司开发一个汽车租赁系统，对公司的汽车进行管理。该系统的主要功能如下：首先，让用户选择租赁的汽车类型；其次，根据选择的汽车类型继续选择汽车品牌、轿车型号或客车座位数；再次，根据用户租赁的天数，计算租赁费用；最后，对用户的租赁车辆信息和需要支付的租赁费用进行显示。

汽车类型有轿车和客车，租赁费用以日计算，租赁业务如表 5-2 所示。

表 5-2 租赁业务

汽车类型	轿车			客车（金杯、金龙）	
	宝马 550i	GL8 艾维亚	阅朗	≤16 座	>16 座
日租费/元	500	600	300	800	1500

【案例分析】

（1）本案例只有一家汽车租赁公司，因此在计算租赁费用时，不需要通过公司名称来标记某汽车。别克、宝马、金杯、金龙是汽车的品牌，因此可以作为汽车类（MotoVehicle）的品牌属性（brand）；同样，550i、GL8 艾维亚、别克阅朗都是轿车的型号，可以作为轿车类（Car）的型号属性（type）。基于分析，抽象出 3 个类——汽车类、轿车类（Car）和客车类（Bus），汽车类作为父类，轿车类和客车类作为汽车类的子类。

（2）汽车类的属性有车牌号（no）、品牌（brand）等，轿车类除了具有汽车类的属性外，还有型号（type）属性，客车类除了具有汽车类的属性外，还有座位数（seatCount）属性。

（3）汽车类中有一个计算租赁费用的方法——calRent(int days)，将来在子类中会重写，轿车类中根据型号计算租赁费用；客车类中根据座位数计算租赁费用，因此在汽车类中该方法的方法体可为空。

（4）在测试类中，可以进行租车模拟。租车时首先要选择租赁车辆的类型，即选择轿车还是客车；如果是轿车，再根据品牌、型号选择；如果是客车，再根据品牌、座位数选择；最后输入租赁的天数并计算租赁费用。

【程序实现】

汽车类：

```
public class MotoVehicle  {                         // 定义汽车类
    private String no;                              // 车牌号
    private String brand;                           // 品牌
public MotoVehicle(String no, String brand) {
        this.no = no;
        this.brand = brand;
    }
    public float calRent(int days){                 //计算租赁费用
    }
    …// MotoVehicle 的 getter()、setter()方法
}
```

轿车类：

```
public class Car extends MotoVehicle {       // 定义轿车类
    private String type;                        //型号
    public Car(String no, String brand, String type){
        super(no, brand);
        this.type=type;
    }
    …// Car 的 getType()、setType()方法
    public float calRent(int days)  {              // 重写计算租赁费用的方法
        if("550i ".equals(type))                   // 代表 550i
            return days*500;
        else if("GL8 艾维亚".equals(type))          // 代表 GL8 艾维亚
            return days*600;
        else                                        // 代表阅朗
            return days*300;
    }
}
```

客车类：

```
public class Bus extends MotoVehicle  {
    private int seatCount;                          //座位数
    public Bus(String no, String brand,int seatCount){
        super(no, brand);
        this.seatCount=seatCount;
    }
    …// Bus 类的 getSeatCount ()、setSeatCount ()方法
    public float calRent(int days) {               // 重写计算租赁费用的方法
        if(seatCount<=16)                           // 16 座以下
            return days*800;
```

```
        else
            return days*1500;
    }
}
```

测试类:

```
import java.util.Scanner;
public class TestRent {
    public static void main(String[] args)  {
        String brand="",type="";
        String brandTemp,typeTemp,no;
        int seatCount;
        float rent;
        Scanner input=new Scanner(System.in);
        System.out.println("***********欢迎光临汽车租赁公司***********");
        System.out.print("请选择您要租赁的汽车类型:(1. 轿车      2. 客车): ");
        String mtype=input.next();
        if("1".equals(mtype)) {
            System.out.print("请选择您要租赁的汽车品牌:(1. 宝马      2. 别克): ");
            brandTemp=input.next();
            System.out.print("请选择轿车的型号: ");
            if("1".equals(brandTemp))  {
                    brand="轿车";
                    System.out.print("(1.550i):");
                    typeTemp=input.next();
                    if("1".equals(typeTemp))
                        type="550i";
                }
            else
            …//别克型号的选择
            no="××23××";      // 为了简化程序，车牌号直接赋值
            System.out.println("分配给您的车牌号为: "+no);
            System.out.print("请输入要租赁的天数: ");
            int days=input.nextInt();
            Car car=new Car(no,brand,type);
            rent=car.calRent(days);
            System.out.println("您需要支付的租赁费用为: "+rent);
        }
        else  {
            System.out.print("请选择您要租赁的客车品牌:(1. 金杯      2. 金龙): ");
            …//省略了租赁客车的一系列操作
        }
    }
}
```

【运行结果】

```
***********欢迎光临汽车租赁公司***********
请选择您要租赁的汽车类型:(1. 轿车      2. 客车): 1
请选择您要租赁的汽车品牌:(1. 宝马      2. 别克): 1
请选择轿车的型号:(1.550i): 1
```

```
分配给您的车牌号为：××2315
请输入要租赁的天数：20
您需要支付的租赁费用为：10000.0
```

5.4 多态

多态是指同一个概念或者行为具有多个不同表现形式或形态。例如，“宠物”这个对象就有很多不同的表达或实现，有小猫、小狗、兔子等。那么，我们到宠物店说“请给我一只宠物”，服务员给我们小猫、小狗或者兔子都可以，因此我们就说“宠物”这个对象具备多态性。

5.4.1 多态的概念

多态性是面向对象的又一个重要特征。它是指在父类中定义的属性和方法被子类继承之后，可以具有不同的数据类型或表现出不同的行为，这使得同一个属性或方法在父类及其各个子类中具有不同的含义。

对面向对象来说，多态分为编译时多态和运行时多态。其中编译时多态是静态的，主要通过方法的重载来实现，可根据参数列表的不同来区分调用不同的方法，编译之后就可以区分。而运行时多态是动态的，通过动态绑定来实现，也就是通常所说的多态性。

5.4.2 静态多态

静态多态也叫编译时多态，是由方法的重载来实现的。

微课 5-7

静态多态

Java 允许在同一个类中定义多个同名方法，只要它们的形参列表不同即可。形参列表不同，包括参数的类型不同、参数的个数不同或者参数的顺序不同。如果同一个类中包含两个或两个以上方法名相同、但形参列表不同的方法，则称为方法重载（overload）。

例如，在 JDK 的 java.io.PrintStream 中定义了十多个同名的 println()方法。

```
public void println(int i){…}
public void println(double d){…}
public void println(String s){…}
…
```

这些方法完成的功能类似，都是格式化输出，可根据参数的不同来区分它们，以进行不同的格式化处理和输出。它们之间就构成了方法的重载。实际调用时，根据实参的类型来决定调用哪一个方法。例如：

```
System.out.println(102);               // 调用println(int i)方法
System.out.println(102.25);            // 调用println(double d)方法
System.out.println("价格为 102.25");   // 调用println(String s)方法
```

注意 方法重载的要求是，同一个类中方法名相同，参数列表不同。至于方法的其他部分，如方法返回值类型、修饰符等，与方法重载没有任何关系。

【例 5-13】方法重载的定义和使用。

在对数值进行求和时，数值的个数和类型是不固定的，可能是两个 int 型的数值，也可能是 3 个 int 型的数值，或者是两个 double 型的数值等。在这种情况下，就可以使用方法的重载来实现数值的求和功能。

```
public class Example5_13 {
    public static void main(String[] args){
        //下面是针对求和方法的调用
        int sum1 = add(1, 2);
        int sum2 = add(1, 2, 3);
        double sum3=add(1.2,2.3);
        //下面的代码用于输出求和的结果
        System.out.println("sum1="+sum1);
        System.out.println("sum2="+sum2);
        System.out.println("sum3="+sum3);
    }
    //下面的方法实现了两个整数相加
    public static int add (int x, int y){
        return x+y;
    }
    //下面的方法实现了 3 个整数相加
    public static int add (int x, int y, int z){
        return x+y+z;
    }
    //下面的方法实现了两个小数相加
    public static double add (double x, double y){
        return x+y;
    }
}
```

【运行结果】

```
sum1=3
sum2=6
sum3=3.5
```

在上面的代码中，定义了 3 个同名的 add()方法，但它们的参数个数或类型不同，从而形成了方法的重载。在 main()方法中调用 add()方法时，通过传入不同的参数便可以确定调用哪个重载的方法，如 add(1,2)调用的是两个整数求和的方法。

另外，类中的构造方法也可以重载，相关例题可参照 5.2.4 小节中的例 5-4。

5.4.3 动态多态

Java 实现动态多态有 3 个必要条件：继承、重写和向上转型。只有满足这 3 个条件，开发人员才能够在同一个继承结构中使用统一的逻辑来处理不同的对象，从而执行不同的行为。

微课 5-8

动态多态

向上转型指的是将子类对象赋给父类引用，或者可理解为将子类类型转为父类类型，即可以理解为下面的赋值操作。

```
父类对象名=new 子类对象()
```

【例 5-14】多态的使用。

```
class Pet {                          // 定义宠物类 Pet
    void eat(){                      // 定义 eat()方法
        System.out.println("宠物吃东西");
    }
}
class Cat extends Pet {              // 定义 Cat 类继承 Pet 类
    void eat() {                     // 重写 eat()方法
        System.out.println("猫吃鱼");
    }
}
class Dog extends Pet {              // 定义 Dog 类继承 Pet 类
    void eat() {                     // 重写 eat()方法
        System.out.println("狗吃骨头");
    }
}
public class Example5_14 {           // 定义测试类
    public static void main(String[] args) {
        Pet p = new Cat();           // 创建 Cat 对象，使用 Pet 类型的变量 p 引用
        p.eat();                     // 调用 p 的 eat()方法
        p = new Dog();               // 创建 Dog 对象，使用 Pet 类型的变量 p 引用
        p.eat();                     // 调用 p 的 eat()方法
    }
}
```

【运行结果】

```
猫吃鱼
狗吃骨头
```

在上面的代码中，Dog 类和 Cat 类继承自 Pet 类，而且在这两个类中都对 eat()方法进行了重写。在测试类中，“Pet p = new Cat();”“p = new Dog();”这两行代码就实现了向上转型，分别将子类 Cat、Dog 类型转为父类 Pet 类型，然后通过父类调用 eat()方法，程序运行后分别输出了“猫吃鱼”和“狗吃骨头”。

多态可以使程序变得更加灵活，可有效地增强程序的可扩展性和可维护性。

注意 在向上转型中，不能通过父类引用去调用子类中新增的成员变量或方法。

【例 5-15】向上转型后不能调用子类新增的方法。

```
class Pet {                          // 定义宠物类 Pet
    void eat(){                      // 定义 eat()方法
        System.out.println("宠物吃东西");
    }
}
class Dog extends Pet {              // 定义 Dog 类继承 Pet 类
    void eat() {                     // 重写 eat()方法
        System.out.println("狗吃骨头");
```

```
    }
    void protectHome() {   // 定义 protectHome()方法
        System.out.println("狗看家……");
    }
}
public class Example5_15 {          // 定义测试类
    public static void main(String[] args) {
        Pet p = new Dog();          // 创建 Dog 对象，使用 Pet 类型的变量 p 引用
        p.eat();                    // 调用 p 的 eat()方法
        p.protectHome();            // 调用 p 的 protectHome()方法
    }
}
```

改成上面的代码后，程序编译后会报错，提示“The method protectHome() is undefined for the type Pet”。原因在于，当把 Dog 对象当作父类 Pet 类型使用时，编译器检查发现 Pet 类中没有定义 protectHome()方法，从而出现错误提示信息。

我们知道，在 Dog 类中定义了 protectHome()方法，通过 Dog 类型的对象调用 protectHome()方法是可行的，因此可以将 Pet 类型的引用强制转换为 Dog 类型。修改例 5-15 中测试类的代码，如下。

```
public class Example5_15 {          // 定义测试类
    public static void main(String[] args) {
        Pet p = new Dog();          // 创建 Dog 对象，使用 Pet 类型的变量 p 引用
        p.eat();                    // 调用 p 的 eat()方法
        Dog d=(Dog)p;               // 将 Pet 对象强制转换为 Dog 类型
        d.protectHome();            // 调用 d 的 protectHome()方法
    }
}
```

【运行结果】

```
狗吃骨头
狗看家……
```

在上面的代码中，将 Pet 类型转为 Dog 类型后，可以成功调用 protectHome()方法，这种将父类类型当作子类类型使用的情况，叫作“向下转型”。

5.4.4 instanceof 运算符

在进行向下转型时，如果机械地进行强制类型转换，可能就会出现错误，例如下面的例题。

【例 5-16】向下转型时出现错误。

```
class Pet {                          // 定义宠物类 Pet
    void eat(){                      // 定义 eat()方法
        System.out.println("宠物吃东西");
    }
}
class Cat extends Pet {              // 定义 Cat 类继承 Pet 类
    void eat() {                     // 重写 eat()方法
        System.out.println("猫吃鱼");
    }
    void sleep() {                   // 定义 sleep()方法
```

```
        System.out.println("猫睡觉……");
    }
}
class Dog extends Pet {              // 定义 Dog 类继承 Pet 类
    void eat() {                     // 重写 eat()方法
        System.out.println("狗吃骨头");
    }
    void protectHome() {             // 定义 protectHome()方法
        System.out.println("狗看家……");
    }
}
public class Example5_16 {           // 定义测试类
    public static void main(String[] args) {
        Pet p = new Dog();           // 创建 Dog 对象，使用 Pet 类型的变量 p 引用
        Cat c=(Cat)p;                // 将 Pet 对象强制转换为 Cat 类型
        c.sleep();                   // 调用 c 的 sleep()方法
    }
}
```

运行上面的代码后，程序报错，提示“Dog cannot be cast to Cat”，即 Dog 类型不能转为 Cat 类型。原因在于之前是把 Dog 类型转为 Pet 类型，再转回去的话只能转为原来的 Dog 类型，而不能转为 Cat 类型。

为了防止出现强制类型转换错误，Java 提供了一个关键字 instanceof。它可以判断一个对象是否为某个类（或接口）的实例或者子类实例，如果是，则返回 true，否则返回 false。语法格式如下：

```
对象（或对象引用变量）instanceof 类（或接口）
```

下面对例 5-16 中的测试类进行修改，代码如下。

```
public class Example5_16 {           // 定义测试类
    public static void main(String[] args) {
        Pet p = new Dog();           // 创建 Dog 对象，使用 Pet 类型的变量 p 引用
        p.eat();                     // 调用 p 的 eat()方法
        if(p instanceof Cat)         // 判断 p 是否为 Cat 类的实例对象
        {
            Cat c=(Cat)p;            // 将 Pet 对象强制转换为 Cat 类型
            c.sleep();               // 调用 c 的 sleep()方法
        }
    }
}
```

程序可以正常运行，但没有输出信息，原因在于判断 p2 并不是 Cat 对象，便没有发生强制类型转换，也没有调用 sleep()方法。

【案例 5-4】 宠物之家（三）

在案例 5-2 的宠物之家中，我们对代码进行了优化，解决了代码重复问题。本案例要添加领养者类。领养者可以选择领养哪种宠物，领养后，可以给领养的宠物喂食、陪宠物玩耍等。另外，要求将来即便增加新的宠物类，领养者类中不需要单独为其添加喂食、玩耍的方法，让程序有更好的

扩展性和可维护性，为宠物之家设计画上句号。

【案例分析】

（1）需要定义领养者类（Owner），具有姓名（name）属性、给宠物喂食（feed()）和陪宠物玩耍（play()）方法。

（2）在给宠物喂食时，要实现分别给 Cat 和 Dog 对象喂食，需要定义 feed(Cat cat)、feed (Dog dog)两个方法。如果将来系统再增加一种新的宠物类，如 Rabbit，则需要在类中添加 feed (Rabbit rabbit)方法。随着宠物种类的增多，重载的方法越来越多，程序的扩展性和可维护性很差。因此可以通过多态来解决这个问题，即定义 feed(Pet pet)方法实现为不同的宠物喂食。

（3）同样的道理，陪宠物玩耍的方法 play(Pet pet)也可通过多态来实现。由于宠物猫玩耍，通过调用滚球方法 rollBall()来实现，而宠物狗玩耍，通过调用吹泡泡方法 blowBubbles()来实现，因此在 paly()方法中需要向下转型才能调用对应宠物的方法。

【程序实现】

宠物类、宠物猫类、宠物狗类代码与案例 5-2 相同，在此不再重复。

领养者类：

```
public class Owner {            // 定义领养者类
    private String name;        // 姓名
    public Owner(String name) {
        this.name = name;
    }
    …// Owner 类的 getName()、setName()方法
    public void feed(Pet pet){      // 定义给宠物喂食的方法 feed()
        pet.eat();
    }
    public void play(Pet pet){      // 定义陪宠物玩耍的方法 play()
        if(pet instanceof Cat){
            Cat cat=(Cat)pet;
            cat.rollBall();
        }
        else
             ((Dog)pet).blowBubbles();
        }
    }
}
```

测试类：

```
import java.util.Scanner;
public class EPetHome {
private Owner owner=new Owner("王小宝");
    public static void main(String[] args) {
        System.out.println("欢迎您来到宠物之家！");
        System.out.println("************************");
        Pet pet=adopt();                // 调用领养宠物的方法
        operate(pet);                   // 调用操作宠物的方法
    }
    public Pet adopt(){                 // 宠物之家中领养宠物的方法
        System.out.println("请先领养一只宠物：");
```

```
        Scanner input=new Scanner(System.in);
        Pet pet=null;
        // 1. 输入宠物名称
        System.out.print("请输入要领养宠物的名字: ");
        String name = input.next();
        // 2. 选择宠物类型
        System.out.print("请选择要领养的宠物类型:(1. 猫咪 2. 狗狗)");
        switch (input.nextInt()) {
        case 1:
            // 2.1 如果是猫咪
            // 2.1.1 选择猫咪品种
            System.out.print("请选择猫咪的品种:(1. 波斯猫" + " 2. 挪威的森林)");
            String strain = null;
            if (input.nextInt() == 1) {
                strain = "波斯猫";
            } else {
                strain = "挪威的森林";
            }
            // 2.1.2 创建 Cat 对象并赋值
            pet = new Cat(name,strain);
            break;
            …//领养宠物狗狗的操作类似,运行结果中也不再展示
        return pet;
    }
    public  void operate(Pet pet) {     //宠物之家中操作宠物的方法
        Scanner input = new Scanner(System.in);
        String answer=null;
        do{
            System.out.print("请选择您的操作:(1. 查看宠物信息   2. 给宠物喂食
3.陪宠物玩耍)");
            int operation=input.nextInt();
            if(operation==1)              // 1. 查看宠物信息
                pet.introduce();
            else if (operation==2){      // 2. 给宠物喂食
                System.out.println(owner.getName()+"给宠物喂食。");
                owner.feed(pet);
            }else{                        // 3. 陪宠物玩耍
                System.out.println(owner.getName()+"陪宠物玩耍。");
                owner.play(pet);
            }
            System.out.print("是否退出宠物之家? (yes/no)");
            answer=input.next();
        }while(!answer.equalsIgnoreCase("yes"));
    }
}
```

【运行结果】

```
欢迎您来到宠物之家!
***********************
请先领养一只宠物:
请输入要领养宠物的名字: 贝贝
```

```
请选择要领养的宠物类型：（1. 猫咪 2. 狗狗）1
请选择猫咪的品种：（1. 波斯猫 2. 挪威的森林）1
请选择您的操作：（1. 查看宠物信息    2. 给宠物喂食    3. 陪宠物玩耍）1
亲爱的主人，我的名字叫贝贝。
我是一只纯种的波斯猫。
是否退出宠物之家？（yes/no）yes
```

【案例 5-5】 汽车租赁系统（二）

在案例 5-3 编写的汽车租赁系统中，我们已经实现了简单的租赁车辆并计算租赁费用的功能。客户可以租赁一辆某种型号的汽车若干天，然后根据汽车品牌、型号/座位数、天数计算租赁费用。现在要增加需求，客户可以一次租赁不同品牌、不同型号的汽车若干天（一个客户一次租赁的各汽车的天数相同），然后计算租赁总费用。

【案例分析】

（1）根据系统功能需要，抽象封装顾客类 Customer。该类中有表示姓名的 name 属性，还有一个计算租赁总费用的方法 calcTotalRent()。该方法接收两个参数，一个是 MotoVehicle[ ]类型的，用来表示顾客租赁的各种品牌、各种型号的汽车；还有一个参数表示租赁天数。该方法中对每一辆租赁汽车调用 calRent()方法计算租赁费用并累加。

（2）在测试类中定义一个 MotoVehicle[ ]数组，用来保存顾客租赁的汽车类型。数组的长度定义为 5，最多保存 5 种类型的租赁汽车（当前系统中，不同品牌、不同型号的汽车共 5 种）。

（3）在测试类中输出顾客租赁的车辆信息时，考虑到不同类型的汽车有不同的属性（轿车有型号属性，客车有座位数属性），因此先通过 instanceof 关键字判断汽车是哪种类型，然后向下转型再输出信息。

【程序实现】

顾客类：

```java
public class Customer {                                          // 定义顾客类
   private String name;
   …// Customer类的构造方法、getName()、setName()方法
   public float calcTotalRent(MotoVehicle mv[],int days){ // 计算租赁总费用
      float sum=0.0f;
      for(int i=0;i<mv.length;i++)
         if(mv[i]!=null)
            sum+=mv[i].calRent(days);        // 调用汽车类的calRent()方法计算租赁费用
      return sum;
   }
}
```

测试类：

```java
public class TestRent {
   public static void main(String[] args) {
      …//欢迎信息的输出
      Customer c=new Customer("小张");
      System.out.println("欢迎您，顾客"+c.getName());
      System.out.println("温馨提醒：您可以租赁各种品牌、各种型号的汽车！");
```

```
        System.out.print("请输入要租赁的天数:");
        int days=input.nextInt();
        int index=0;
        Random r=new Random();
        while(true)
        {
            System.out.print("请选择您要租赁的汽车类型: (1.轿车      2.客车):");
            String mtype=input.next();
            if("1".equals(mtype))
            {
                System.out.print("请选择您要租赁的汽车品牌: (1.宝马      2.别克):");
                brandTemp=input.next();
                System.out.print("请选择轿车的型号: ");
                if("1".equals(brandTemp))
                    {
                    brand="宝马";
                    System.out.print("(1.550i):");
                    typeTemp=input.next();
                    if("1".equals(typeTemp))
                        type="550i";
                    }
                else
                    {
                    brand="别克";
                    System.out.print("(2.GL8 艾维亚     3.阅朗):");
                    typeTemp=input.next();
                    if("2".equals(typeTemp))
                         type="GL8 艾维亚";
                    else
                         type="阅朗";
                    }
                int num=r.nextInt(1000)+1000;
                no="XX"+num;
                System.out.println("分配给您的车牌号为: "+no);
                Car car=new Car(no,brand,type);
                mv[index]=car;
            }
            else
            ........................ //此处省略了租赁客车的一系列操作
            index++;
            System.out.print("请继续选择租赁的汽车,按 a 键开始,按 b 键退出! ");
            choice=input.next();
            if(choice.equals("b")) break;
        }
        float total=c.calcTotalRent(mv, days);
        System.out.println("客户姓名: "+c.getName()+",租赁天数: "+days+",租赁总费用:
"+total);
        System.out.println("租赁的车辆信息如下: ");
        System.out.println("汽车牌号\t\t 汽车品牌\t\t 汽车型号\t\t 座位数");
        for(int i=0;i<index;i++)
```

```
            if(mv[i] instanceof Car)
            {
                Car cc=(Car)mv[i];
                System.out.println(cc.getNo()+"\t\t"+cc.getBrand()+"\t\t"+cc.getType());
            }
            else
            ………//此处省略了输出租赁的客车的信息
        }
    }
```

【运行结果】

```
***********欢迎光临汽车租赁公司***********
欢迎您，顾客小张
温馨提醒：您可以租赁各种品牌、各种型号的汽车！
请输入要租赁的天数：10
请选择租赁的汽车，按a键开始，按b键退出！ a
请选择您要租赁的汽车类型：(1. 轿车        2. 客车)1
请选择您要租赁的汽车品牌：(1. 宝马        2. 别克)1
请选择轿车的型号：(1.550i)：1
分配给您的车牌号为：××1277
请选择租赁的汽车，按a键开始，按b键退出！ a
请选择您要租赁的汽车类型：(1. 轿车        2. 客车)1
请选择您要租赁的汽车品牌：(1. 宝马        2. 别克)2
请选择轿车的型号：(2. GL8艾维亚        3. 阅朗)2
分配给您的车牌号为：××1371
请选择租赁的汽车，按a键开始，按b键退出！ a
请选择您要租赁的汽车类型：(1. 轿车        2. 客车)2
请选择您要租赁的客车品牌：(1. 金杯        2. 金龙)1
请输入客车的座位数：20
分配给您的车牌号为：××1733
请选择租赁的汽车，按a键开始，按b键退出！ b
客户姓名：小张，租赁天数：10，租赁总费用：21000.0
租赁的车辆信息如下：
汽车牌号            汽车品牌        汽车型号        座位数
鲁D1277             宝马            550i
鲁D1371             别克            GL8艾维亚
鲁D1733             金杯                            20
```

多态的应用不仅能减少重复的代码，即增强代码的复用性，还能大大增强程序的可维护性及可扩展性。在上面的案例中，可以在不修改现有代码的前提下，继续派生 MotoVehicle 的子类——增加新的汽车类型。读者可联系自己生活中的应用，思考哪些问题可借助多态编程，达到"事半功倍"的目的。

模块小结

本模块主要介绍了面向对象编程的 3 个特征。首先介绍了类的定义、对象的创建与使用、构造方法、this 关键字、static 关键字以及访问权限修饰符；然后介绍了继承的概念、方法的重写以及 super 关键字；最后介绍了多态相关的内容，包括静态多态以及动态多态；在介绍的同时通过 2 个系列案例实现了面向对象编程的典型应用。读者在学习中要特别注意面向对象的 3 个特征，这是面向对象思想的核心内容。通过本模块的学习，读者应掌握并熟练运用面向对象的编程思想来解决实际问题。本模块的知识点如图 5-4 所示。

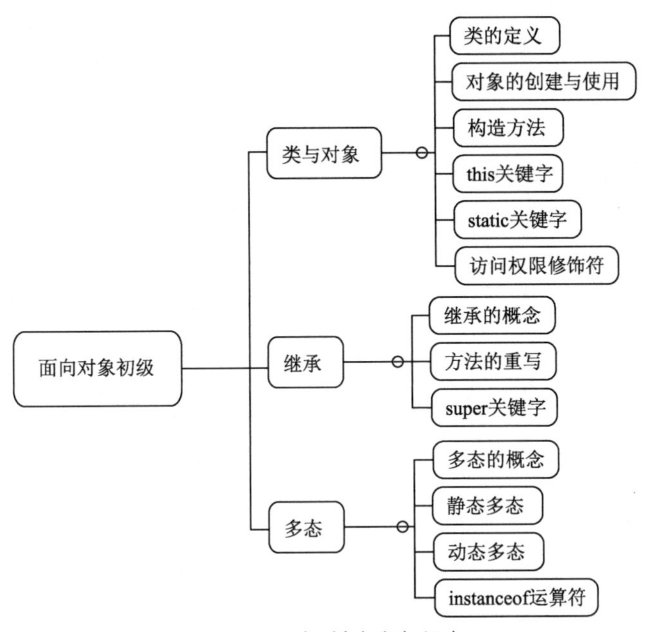

图 5-4　面向对象初级知识点

自我检测

一、选择题

1. 在一个类中可以定义多个名称相同，但参数不同的方法，这叫作方法的（　　）。

   A. 继承　　B. 覆盖　　C. 改写　　D. 重载

2. 若特快订单是一种订单，则特快订单类和订单类的关系是（　　）。

   A. 使用关系　　B. 包含关系　　C. 继承关系　　D. 无关系

3. 关键字 super 的作用是（　　）。

   A. 用来访问父类被隐藏的成员变量　　B. 用来调用父类中被重载的方法
   C. 用来调用父类的构造函数　　D. 以上都是

4. 关于构造方法，下列说法错误的是（　　）。

   A. 构造方法只能有一个　　B. 构造方法用来初始化该类的一个新的对象
   C. 构造方法具有和类名相同的名称　　D. 构造方法没有任何返回值类型

5. 在什么情况下，构造方法会被调用？（　　）

   A. 类定义时　　B. 创建对象时
   C. 调用对象方法时　　D. 使用对象的变量时

6. A 派生出子类 B，B 派生出子类 C，并且在 Java 源代码中有如下声明：

```
1. A a0=new A();
```

```
2. A a1=new B();
3. A a2=new C();
```

以下说法正确的是（　　）。

A. 第 1、2、3 行的声明都是正确的
B. 第 1、2、3 行都能通过编译，但第 2、3 行运行时出错
C. 第 1、2 行能通过编译，但第 3 行编译出错
D. 只有第 1 行能通过编译

7. 用于定义类成员的访问权限的一组关键字是（　　）。

A. class, float, double, public　　B. float, boolean, int, long
C. char, extends, float, double　　D. public, private, protected

8. 在 Java 语言中，类 Cat 是类 Animal 的子类，Cat 的构造方法中有一句"super()"，该语句表达了什么概念？（　　）

A. 调用类 Cat 中定义的 super()方法　　B. 调用类 Animal 中定义的 super()方法
C. 调用类 Animal 的构造方法　　D. 语法错误

二、阅读程序题

1. 阅读程序，回答下面的问题。

```
class AA{
    public AA(){
        System.out.println("AA");
    }
    public AA(int i){
        this();
        System.out.println("AAAA");
    }
    public static void main(String args[]){
        BB b=new BB();
    }
}
class BB extends AA{
    public BB(){
        super();
        System.out.println("BB");
    }
    public BB(int i){
        super(i);
        System.out.println("BBBB");
    }
}
```

（1）分析程序的输出结果。

（2）若将 main()方法中的语句改为 B b=new B(10);，程序的输出结果是什么？

2. 阅读程序，回答下面的问题。

```
class AA{
    double x=1.1;
    double method(){
```

```
        return x;
    }
}
class BB extends AA{
    double x=2.2;
    double method(){
        return x;
    }
}
```

（1）类 AA 和类 BB 是什么关系？

（2）类 AA 和类 BB 中都定义了变量 x 和 method()方法，这种情况称为什么？

（3）若定义 AA a=new BB();，则 a.x 和 a.method()的值是什么？

三、编程题

1. 定义一个矩形类 Rectangle，类中有两个属性，即长 length、宽 width；一个构造方法 Rectangle(int width, int length)，可分别给两个属性赋值；一个方法 getArea()，可求面积。在测试类中，创建一个 Rectangle 对象，计算矩形面积并输出。

2. 定义一个点类 Point，包含两个成员变量 x、y，分别表示横、纵坐标；两个构造方法 Point() 和 Point(int x0,y0)；一个 movePoint（int dx,int dy）方法，可实现点的位置移动。创建两个 Point 对象 p1、p2，分别调用 movePoint()方法后，输出 p1 和 p2 的坐标。

3. 通过多态实现主人喂养各种宠物。宠物饿了，需要主人喂食。不同宠物吃的东西不一样，主人可以统一喂食。

自我评价

技能目标	能够采用面向对象的编程思想来解决实际问题。掌握类的定义、对象的创建与使用、构造方法、this 和 static 关键字、访问权限修饰符；掌握继承的概念、方法的重写、super 关键字；掌握多态的概念、静态多态、动态多态、instanceof 运算符			
程序员综合素养自我评价	需求分析能力	编码规范化	软件测试能力	团队协作能力

模块6 面向对象高级

06

学习目标（含素养要点）:

- 掌握抽象类的定义与使用（道德规范）。
- 掌握接口的定义与实现（创新意识）。
- 掌握异常的概念以及异常的处理方式（工匠精神）。

模块 5 采用面向对象的思想完成了“宠物之家”“汽车租赁系统”的开发，读者应能够深入体会到抽象、封装、继承和多态这些特性如何在面向对象分析设计中的运用，这是 Java 基础课程中最核心的内容之一。接下来介绍的是 Java 中另外一组非常重要的概念——抽象类与接口。在编程中常说“面向接口编程”，可见接口在程序设计中的重要性。本模块还会介绍异常以及异常处理的方式。

6.1 抽象类

当定义一个类时，常常需要定义一些方法来描述该类的行为特征，但有时这些方法的实现方式是无法确定的。例如，前文在定义 Pet 类时，eat()方法用于表示宠物吃东西，但不同的宠物吃的东西是不同的，因此在 eat()方法中无法准确描述宠物吃的是什么东西。针对这样的情况，Java 允许在定义方法时不写方法体。不包含方法体的方法为抽象方法，抽象方法必须使用 abstract 关键字来修饰，具体示例如下:

微课 6-1

抽象类

```
abstract void eat();                    //定义抽象方法 eat()
```

当一个类中包含抽象方法时，该类必须定义为抽象类。抽象类用 abstract 关键字来修饰，具体示例如下:

```
abstract class Pet {                    //定义抽象类 Pet
          abstract void eat (); //定义抽象方法 eat()
}
```

注意 包含抽象方法的类必须声明为抽象类，但抽象类可以不包含任何抽象方法。另外，抽象类是不可以被实例化的。因为抽象类中有可能包含抽象方法，而抽象方法是没有方法体的，不可以被调用。如果想调用抽象类中定义的方法，则需要创建一个抽象类的子类，在子类中对抽象类的抽象方法进行实现。

【例 6-1】实现抽象类中的抽象方法。

```
abstract class Pet {            // 定义抽象类 Pet
    abstract void eat();        // 定义抽象方法 eat()
}
class Dog extends Pet {         // 定义 Dog 类继承抽象类 Pet
    void eat() {                // 实现抽象方法 eat()
        System.out.println("狗吃骨头");
    }
}
public class Example6_1 {       // 定义测试类
    public static void main(String[] args) {
        Dog dog = new Dog();    // 创建 Dog 类的实例对象
        dog.eat();              // 调用 dog 对象的 eat()方法
    }
}
```

【运行结果】

```
狗吃骨头
```

从运行结果可以看出，子类实现了父类的抽象方法后，可以正常进行实例化，并通过实例化对象调用方法。

6.2 接口

如果一个抽象类中所有的方法都是抽象的，则可以将这个类用另外一种方式来定义，即接口。接口是由常量和抽象方法组成的特殊类，是对抽象类的进一步抽象。

6.2.1 接口的概念

接口是从多个相似类中抽象出来的规范，它不提供任何方法的具体实现过程。接口体现的是规范和实现分离的设计思想。

接口只定义了应当遵循的规范，并不关心这些规范的内部数据和其功能的实现细节，从而分离了规范和实现，增强了系统的可拓展性和可维护性。例如，计算机主板提供了通用串行总线（Universal Serial Bus，USB）插槽，只要有一个遵循了 USB 规范的鼠标，就可以将它插入 USB 插槽，并与主板正常通信，而不必关心制作鼠标的厂商，以及鼠标的内部结构。如果鼠标坏了，只需要换个鼠标即可。

又如，多年前，不同品牌手机的充电设备均不一样，如果充电设备丢了或者损坏了，往往要花费很大的代价才能买到新的，所以当时的万能充电器才能流行一时，但其充电效果并不尽如人意，由此带来的问题极大地困扰了手机用户。直到 Android 操作系统出现，它统一了充电接口规范，这个问题才得到了有效解决。大多数 Android 手机的充电接口是相同的，人们不用再担心充电设备坏了的问题。

因此，接口定义的是多个类共同的行为规范，这些行为是与外部交流的通道，这就意味着接口里通常定义的是一组公用方法。

6.2.2 接口的定义与实现

在定义接口时，需要使用 interface 关键字来声明，语法格式如下：

```
[public] interface 接口名[extends 接口 1,接口 2,…] {
        [public] [static] [final] 数据类型 常量名 = 常量值;
        [public] [abstract] 返回值 抽象方法名(参数列表);
}
```

可以看到，编写接口的方式和类很相似，但是它们属于不同的概念。

Java 把接口当作一种特殊的类，每个接口都被编译为一个独立的字节码文件。

需要说明的是，一个接口可以有多个父接口，它们之间用英文逗号隔开。另外，接口中的变量默认使用“public static final”来修饰，表示全局静态常量；接口中定义的方法默认使用“public abstract”来修饰，表示全局抽象方法。

由于接口中的方法都是抽象方法，因此不能通过实例化对象的方式来调用接口中的方法。此时需要定义一个类，并使用 implements 关键字实现接口，同时实现接口中所有的抽象方法。一个类可以同时实现多个接口，这些接口在 implements 子句中要使用英文逗号隔开。声明接口的实现类的语法格式如下：

```
[<修饰符>] class <类名> [extends <超类名>] [implements<接口 1>,<接口 2>,…]
```

Java 提供接口的目的是克服单继承的限制，因为一个类只能有一个父类，而一个类可以实现多个接口。

【例 6-2】接口的实现。

```
interface Flyable{                            // 定义一个能飞接口
    void fly();                               // 提供飞方法
}
class Airplane implements Flyable{            // 定义飞机类实现能飞接口
    public void fly(){                        // 实现飞方法
        System.out.println("飞机在飞行");
    }
}
class Bird implements Flyable{                // 定义鸟类实现能飞接口
    public void fly(){                        // 实现飞方法
        System.out.println("鸟在飞行");
    }
}
public class Example6_2 {
    public static void main(String[] args)  {
        Airplane a= new Airplane();           //实例化一个飞机对象 a
        a.fly();                              //调用 a 的 fly()方法
        Bird b = new Bird ();                 //实例化一个鸟对象 b
        b.fly();                              //调用 b 的 fly()方法
    }
}
```

【运行结果】

```
飞机在飞行
鸟在飞行
```

从运行结果可以发现，类 Airplane、Bird 在实现了 Flyable 接口后是可以被实例化的，而且实例化后就可以分别调用各自类中的方法。

在程序中，还可以让一个接口使用 extends 关键字去继承另外一个接口。

【例 6-3】一个接口继承另外一个接口。

```
interface Flyable{                                  // 定义一个能飞接口
    void fly();                                     // 提供飞方法
}
interface AnimalFlyable extends Flyable {           // 定义一个动物能飞接口继承能飞接口
    void eat();                                     // 提供吃东西方法
}
class Bird implements AnimalFlyable{                // 定义鸟类实现动物能飞接口
    public void fly(){                              // 实现飞方法
        System.out.println("鸟在飞行");
    }
    public void eat(){                              // 实现吃东西方法
        System.out.println("鸟吃虫子");
    }
}
public class Example6_3 {
    public static void main(String[] args) {
        Bird b = new Bird ();                       //实例化一个鸟对象 b
        b.fly();                                    //调用 b 的 fly()方法
        b.eat();                                    //调用 b 的 eat()方法
    }
}
```

【运行结果】

```
鸟在飞行
鸟吃虫子
```

在上面的代码中定义了两个接口。其中，AnimalFlyable 接口继承 Flyable 接口，因此 AnimalFlyable 接口包含 2 个抽象方法 fly()、eat()。当 Bird 类实现 AnimalFlyable 接口时，需要实现这 2 个抽象方法，然后 Bird 类便可以实例化对象并调用类中的方法了。

下面对接口的特点进行归纳，具体内容如下。

（1）接口中的属性只能是常量，方法只能是抽象方法，不能实例化对象。

（2）接口中的属性有默认修饰符“public static final”，表示全局静态常量；方法也有默认修饰符“public abstract”，表示全局抽象方法。

（3）一个类在实现接口时，需要对接口中的所有方法进行实现。如果没有实现接口中的全部方法，则这个类需要定义为抽象类。

（4）一个类可以实现多个接口。

（5）一个接口可以通过 extends 关键字继承多个父接口。

（6）一个类在继承另一个类的同时还可以实现接口，此时，extends 关键字必须位于 implements 关键字前面。例如，下面的 Bird 类在继承 Pet 类的同时实现 Flyable 接口。

```
class Bird extends Pet implements Flyable {
    …
}
```

【案例 6-1】 USB 接口的实现

通常我们使用的计算机上都有 USB 接口，鼠标、键盘、麦克风等都可以通过 USB 接口使用。在计算机启动时，这些设备也随之启动；当计算机关闭时，这些设备也会随之关闭。鼠标、键盘、麦克风等 USB 接口设备都启动后，计算机才开机成功；当这些 USB 接口设备都关闭后，计算机才关机成功。编写一个 USB 接口模拟程序，模拟计算机的开机和关机过程。

微课 6-3

案例 USB 接口的实现

【案例分析】

首先，鼠标、键盘、麦克风这些 USB 接口设备只有插入接口中才能够使用，所以需要先定义一个 USB 接口。由于这些 USB 接口设备需要随着计算机的启动而启动，并随着计算机的关闭而关闭，所以需要在接口中定义设备启动和关闭的方法。

编写完接口后，接下来就要编写使用该接口标准的鼠标、键盘、麦克风的实现类，在实现类中要实现这些设备的启动和关闭方法。

由于这些设备是计算机的一部分，所以接下来需要编写一个计算机类。计算机中有了 USB 插槽后，才能插入 USB 接口设备，因此该类中还需要编写一个 USB 插槽和安装 USB 接口设备的方法。同时计算机要想开、关机，还要定义启动和关闭的方法。

【程序实现】

（1）定义 USB 接口，接口中定义了两个抽象方法 turnOn()和 turnOff()，分别用于表示启动和关闭。

```
package task01;
public interface USB {          // 定义一个 USB 接口
    void turnOn();              // 启动
    void turnOff();             // 关闭
}
```

（2）编写鼠标类、键盘类和麦克风类，作为 USB 接口的实现类，分别对 turnOn()和 turnOff()进行实现。

```
package task01;
public class Mouse implements USB {    // 定义鼠标类实现 USB 接口
    public void turnOn() {
        System.out.println("鼠标启动了");
    }
    public void turnOff() {
        System.out.println("鼠标关闭了");
    }
}

package task01;
public class KeyBoard implements USB {      // 定义键盘类实现 USB 接口
    public void turnOn() {
        System.out.println("键盘启动了");
    }
    public void turnOff() {
        System.out.println("键盘关闭了");
    }
```

```
}

package task01;
public class Mic implements USB { // 定义麦克风类实现 USB 接口
    public void turnOn() {
        System.out.println("麦克风启动了");
    }
    public void turnOff() {
        System.out.println("麦克风关闭了");
    }
}
```

（3）编写计算机类 Computer，代码如下。

```
package task01;
public class Computer {   // 定义计算机类
    // 计算机上的 USB 插槽
    private USB[] usbArr = new USB[4];
    // 向计算机连接一个 USB 接口设备
    public void add(USB usb) {
        // 循环遍历所有插槽
        for (int i = 0; i < usbArr.length; i++) {
            // 如果发现一个空的插槽
            if (usbArr[i] == null) {
                // 将 USB 接口设备连接在这个插槽上
                usbArr[i] = usb;
                // 连接上之后结束循环
                break;
            }
        }
    }
    // 计算机的开机功能
    public void powerOn() {
        // 循环遍历所有插槽
        for (int i = 0; i < usbArr.length; i++) {
            // 如果发现有设备
            if (usbArr[i] != null) {
                // 将 USB 接口设备启动
                usbArr[i].turnOn();
            }
        }
        System.out.println("计算机开机成功");
    }
    //计算机的关机功能
    public void powerOff() {
        for (int i = 0; i < usbArr.length; i++) {
            if (usbArr[i] != null) {
                usbArr[i].turnOff();
            }
        }
        System.out.println("计算机关机成功");
    }
}
```

（4）编写测试类，代码如下：

```
package task01;
public class Task01Test { // 定义测试类
    public static void main(String[] args) {
        //实例化计算机对象
        Computer c = new Computer();
        //向计算机中添加鼠标、麦克风和键盘设备
        c.add(new Mouse());
        c.add(new Mic());
        c.add(new KeyBoard());
        c.powerOn();   //启动计算机
        System.out.println();
        c.powerOff();  //关闭计算机
    }
}
```

【运行结果】

```
鼠标启动了
麦克风启动了
键盘启动了
计算机开机成功

鼠标关闭了
麦克风关闭了
键盘关闭了
计算机关机成功
```

在上面的代码中，实例化一个计算机对象之后，先后连接了鼠标、麦克风、键盘 3 个 USB 接口设备。启动计算机时，会依次启动已连接的设备，当所有设备都启动后，计算机开机成功。关闭计算机时，会依次关闭已连接的设备，当所有设备都关闭后，计算机关机成功。

【案例 6-2】 组装一台计算机

自行组装计算机非常盛行，而在配置属于自己的个性化计算机之前，需要先了解装配一台完整的计算机所需要的部件，主要包括主板、中央处理器（Central Progressing Unit，CPU）、显卡、显示器、电源、机箱、内存、硬盘等。每一个部件都有多种选择，有不同品牌、不同厂家以及不同型号等，但不管选择哪一种，都可以组装到计算机上。现在编写一个程序，模拟组装一台计算机（为了简化程序，组装时只组装几个部件即可）。

【案例分析】

（1）由于不同品牌、不同厂家以及不同型号的部件都可以组装到计算机上，因此每一个部件都需要定义一个统一的接口规范。本案例分别定义 CPU、硬盘、内存的接口。

（2）分别定义部件类实现 CPU、硬盘、内存接口，在类中对部件进行具体的定义。例如，在实现 CPU 部件的时候，可以定义为 Intel 公司或者 AMD 公司的产品，还可以定义不同的主频等。

（3）定义计算机类，分别实例化 CPU、硬盘、内存这些部件对象，并将其组装到计算机上。

【程序实现】

CPU 接口：

```
// 定义 CPU 接口
```

```
package task02;
public interface CPU {
    String cpuInfo();
}
```

内存接口:

```
//定义内存接口
package task02;
public interface Memory {
    String memoryInfo();
}
```

硬盘接口:

```
//定义硬盘接口
package task02;
public interface HardDisk {
    String hardDiskInfo();
}
```

实例化 CPU:

```
//实例化 CPU
package task02;
public class CpuInstance implements CPU {
    @Override
    public String cpuInfo() {
        return "品牌为 Intel，主频为 3.8GHz";
    }
}
```

实例化内存:

```
//实例化内存
package task02;
public class MemoryInstance implements Memory{
    @Override
    public String memoryInfo() {
        return "16GB";
    }
}
```

实例化硬盘:

```
//实例化硬盘
package task02;
public class HardDiskInstance implements HardDisk{
    @Override
    public String hardDiskInfo() {
        return "1000GB";
    }
}
```

组装计算机:

```
//组装计算机
package task02;
public class Computer {
```

```
    private Cpu cpu = new CpuInstance();
    private HardDisk hd = new HardDiskInstance();
    private Memory me = new MemoryInstance();
    public void print() {
        System.out.println("计算机的信息如下");
        System.out.println("CPU的信息是: " + cpu.cpuInfo());
        System.out.println("硬盘的容量是: " + hd.hardDiskInfo());
        System.out.println("内存的容量是: " + me.memoryInfo());
    }
}
```

测试类:

```
package task02;
public class ComputerTest {
    public static void main(String[] args) {
        //实例化Computer类
        Computer c = new Computer();
        //调用print方法
        c.print();
    }
}
```

【运行结果】

```
计算机的信息如下
CPU的信息是: 品牌为Intel，主频为3.8GHz
硬盘的容量是: 1000GB
内存的容量是: 16GB
```

上面的案例模拟组装了一台计算机，读者看了是不是跃跃欲试，想要组装一台真正的计算机呢？中国计算机事业的起步比美国晚，但是经过一代代科学家的艰苦努力，差距越来越小。2002年8月10日，我国成功制造出首枚高性能通用CPU——龙芯1号。此后龙芯2号、3号接连问世。2021年4月，龙芯自主指令系统架构（Loongson Architecture）的基础架构通过国内第三方知名知识产权评估机构的评估。龙芯的诞生，打破了国外的长期技术垄断，结束了中国近20年无“芯”的历史。

6.3 异常处理

当程序中出现异常或者错误时，我们借用现有的知识，可能想到用“if(正常){正常代码}else{错误代码}”来控制错误，但这样做会非常麻烦。Java语言在设计的时候就考虑到了这个问题，提出了异常处理的机制，即使用抛出、捕获机制来解决这样的问题。异常处理是Java程序设计中非常重要的部分之一，借用异常处理会让你编写的程序更加健壮。

6.3.1 什么是异常

在程序运行过程中，可能会出现一些意外的情况，比如被0除、数组下标越界等。这些意外情况会导致程序出错或者崩溃，从而影响程序的正常执行。如果不能很好地处理这些意外情况，程序的稳定性就会受到质疑。在 Java 语言中，这些程序的意外情况称为异常（exception），出现异常时的处理称为异常处理。合理的异常处理可以使整个项目更加稳定，也可以使项目中正常的逻辑代码和错误处理的代码分离，便于代码的阅读和维护。

微课 6-4
什么是异常

【例 6-4】认识异常。

```
public class Example6_4 {
    public static void main(String[] args) {
        int a[ ] = {5,6,7,8};
        for(int i=0;i<5;i++)
            System.out.println(a[i]);
        System.out.println("程序继续向下执行");
    }
}
```

【运行结果】

```
5
6
7
8
Exception in thread "main" java.lang.ArrayIndexOutOfBoundsException: 4
    at examples. Example6_4.main(T.java:18)
```

从运行结果可以发现，程序发生了数组下标越界异常（ArrayIndexOutOfBoundsException）。由于在遍历数组元素时，使用了下标 4，而数组中并没有 a[4]这个元素，因此出现异常。在这个异常发生后，程序会立即结束，无法继续向下执行。

上面产生的 ArrayIndexOutOfBoundsException 异常只是 Java 异常类中的一种，Java 还提供了很多其他的异常类。Java 异常类体系架构如图 6-1 所示。

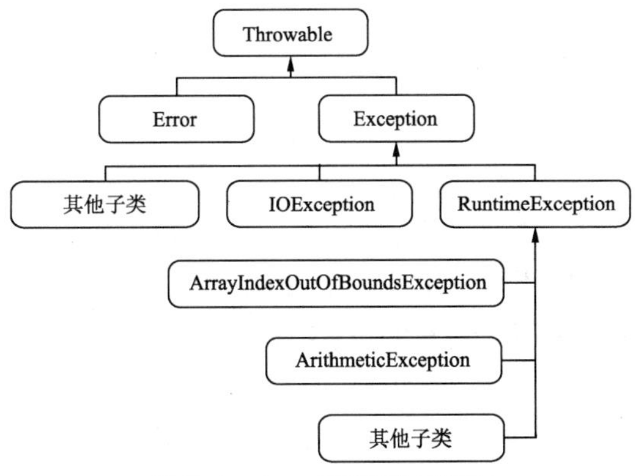

图 6-1　Java 异常类体系架构

如图 6-1 所示，所有异常都继承自 java.lang.Throwable 类，Throwable 类有两个直接子类，Error 类和 Exception 类。

Error 类称为错误类，表示 Java 运行时产生的系统内部错误或资源耗尽的错误。它表示比较严重的错误，仅靠修改程序本身是不能恢复执行的。当程序发生这种严重错误时，通常的做法是通知用户并终止程序的执行。

Exception 类称为异常类，表示程序本身可以处理的错误。在 Java 程序中进行的异常处理都是针对 Exception 类及其子类的。在 Exception 类的众多子类中有一个特殊的子类——Runtime Exception 类，该类及其子类表示运行时异常。除了此类分支，Exception 类下所有其他的子类都用于表示编译时异常。下面分别对这两种异常进行介绍。

1. 运行时异常

运行时异常的特点是 Java 编译器不会对其进行检查。也就是说，当程序中出现这类异常时，即使没有使用 try-catch 语句捕获或使用 throws 关键字声明抛出异常，程序也能编译通过。运行时异常一般是由程序中的逻辑错误引起的，在程序运行时无法恢复。例如，通过下标访问数组的元素时，如果超过了数组的最大下标，就会发生数组下标越界的异常，该异常就是运行时异常。

2. 编译时异常

编译时异常的特点是 Java 编译器会对其进行检查，如果出现异常，就必须对异常进行处理，否则程序无法通过编译。处理编译时异常有两种方式，具体方式如下。

（1）使用 try-catch 语句捕获异常。

（2）用 throws 关键字声明抛出异常，开发人员对其进行处理。

Java 的异常处理机制为程序提供了“弥补”错误的方式。《左传 · 宣公 · 宣公二年》有云：“人非圣贤，孰能无过，过而能改，善莫大焉”。乐观的态度使我们能正视成功与失败，而求知若渴使我们能在失败中总结经验，这种对待失败的方式最终能促使我们成功。

6.3.2 try-catch 和 finally

在例 6-4 中，由于发生了异常，因此程序立即终止，无法继续向下执行。为了解决这样的问题，Java 提供了一种对异常进行处理的方式——异常捕获。异常捕获通过使用 try-catch 语句来实现，具体语法格式如下：

微课 6-5

try-catch 和 finally

```
try {
        // 可能发生异常的程序代码块
} catch(ExceptionType e) {
        // 处理代码块
}
```

其中，在 try 代码块中编写可能发生异常的语句，在 catch 后的圆括号里存放匹配的异常类，指明 catch 语句可以捕捉的异常类型，在后面的代码块中编写对异常进行处理的代码。当 try 代码块中的程序发生异常时，系统会将这个异常的信息封装成一个异常对象，并将这个对象传递给 catch 代码块。

【例 6-5】使用 try-catch 语句对异常进行捕获。

```
public class Example6_5 {
    public static void main(String[] args) {
        int a[ ] = {5,6,7,8};
        // 对异常进行捕获处理
        try{
            for(int i=0;i<5;i++)
                System.out.println(a[i]);
            System.out.println("over");
```

```
        }catch(ArrayIndexOutOfBoundsException e){
            System.out.println("捕获的异常信息为: "+e.getMessage());
        }
        System.out.println("程序继续向下执行");
    }
}
```

【运行结果】

```
5
6
7
8
捕获的异常信息为: 4
程序继续向下执行
```

在上面的代码中，当 try 代码块中发生数组下标越界异常时，程序会转而执行 catch 代码块中的代码，通过调用异常对象的 getMessage()方法返回异常信息“4”。catch 代码块对异常处理完毕，程序会向下执行 catch 代码块后面的语句。需要注意的是，在 try 代码块中，发生异常的语句后面的代码是不会被执行的。

在程序中，有时候会希望有些语句无论程序是否发生异常都要执行，这时就可以在 try-catch 语句后加一个 finally 代码块。

【例 6-6】 finally 代码块的使用。

```
public class Example6_6 { // 定义测试类
    public static void main(String[] args) {
        int a[ ] = {5,6,7,8};
        // 对异常进行捕获处理
        try{
            for(int i=0;i<5;i++)
                System.out.println(a[i]);
            System.out.println("over");
        }catch(ArrayIndexOutOfBoundsException e){
            System.out.println("捕获的异常信息为: "+e.getMessage());
            return;     // 用于结束当前方法
        }finally{
            System.out.println("执行 finally 代码块");
        }
        System.out.println("程序继续向下执行");
    }
}
```

【运行结果】

```
5
6
7
8
捕获的异常信息为: 4
执行 finally 代码块
```

在上面的代码中，catch 代码块中增加了一个 return 语句，用于结束当前方法。此时程序最后的输出代码就不会执行了，而 finally 中的代码仍然会执行，并不会被 return 语句影响。也就是说，无论程序是否发生异常，还是发生异常后使用 return 语句结束 try-catch 语句，finally 代码块中的语句都会执行。正是由于这种特殊性，在编写程序时，经常会在 try-catch 语句后使用 finally 代码块来完成必须做的事情，例如释放系统资源。

6.3.3 throws 关键字

当一个方法产生编译时异常，而它本身不对这类异常进行处理时，就需要在该方法的头部声明抛出这个异常，以便将该异常传递到方法的外部进行处理。通过 throws 关键字便可以实现，具体语法格式如下：

微课 6-6

throws 关键字

```
修饰符 返回值类型 方法名([参数1,参数2,…]) throws 异常类型1[异常类型2,…]{
}
```

其中，throws 关键字需要写在方法声明的后面，throws 后面需要声明方法中发生的异常的类型，通常将这种做法称为方法声明抛出一个异常。

【例 6-7】throws 关键字的使用。

```
public class Example6_7 {
    public static void main(String[] args) {
        int res = divide(4, 0);          // 调用 divide()方法
        System.out.println(res);
    }
    // 下面的方法实现了两个整数相除，并使用 throws 关键字声明抛出异常
    public static int divide(int x, int y) throws Exception {
        int result = x / y;              // 定义一个变量 result 记录两个整数相除的结果
        return result;                   // 将结果返回
    }
}
```

运行代码后程序编译报错，“int result = divide(4, 0);”这一行代码提示“Unhandled exception type Exception”。由于定义 divide()方法时声明抛出了异常，因此调用者在调用 divide()方法时就必须对异常进行处理，否则就会发生编译错误。可以在调用 divide()方法时对异常进行捕获处理，方法如下。

【例 6-8】调用 divide()方法时捕获异常。

```
public class Example6_8 {
    public static void main(String[] args) {
        // 下面的代码定义了一个 try-catch 语句，用于捕获异常
        try {
            int res = divide(4, 0);      // 调用 divide()方法
            System.out.println(res);
        } catch (Exception e) {              // 对捕获的异常进行处理
            e.printStackTrace();             // 输出捕获的异常调用栈
        }
    }
    public static int divide(int x, int y) throws Exception {
        int result = x / y;
        return result;
    }
}
```

【运行结果】

```
java.lang.ArithmeticException: / by zero
    at examples.Example6_8.divide(Example6_8.java:15)
    at examples.Example6_8.main(Example6_8.java:7)
```

在上面的代码中，由于使用了 try-catch 语句对 divide()方法抛出的异常进行处理，因此程序编译通过，运行时产生异常，捕获后输出了异常调用栈。

在调用 divide()方法时，如果不知道如何处理声明抛出的异常，也可以使用 throws 关键字继续将异常抛出，这样程序也能编译通过。但需要注意的是，程序一旦发生异常，如果并没有处理，程序就会非正常终止。

【例 6-9】调用 divide()方法时抛出异常。

```
public class Example6_9 {
    // 使用 throws 关键字声明抛出异常
    public static void main(String[] args) throws Exception {
        int res = divide(4, 0);          // 调用 divide()方法
        System.out.println(res);
    }
    public static int divide(int x, int y) throws Exception {
        int result = x / y;
        return result;
    }
}
```

【运行结果】

```
Exception in thread "main" java.lang.ArithmeticException: / by zero
    at examples.Example6_9.divide(Example6_9.java:11)
    at examples.Example6_9.main(Example6_9.java:6)
```

在上面的代码中，在 main()方法中调用 divide()方法时，并没有对异常进行处理，而是继续使用 throws 关键字将 Exception 抛出，最终异常由 Java 虚拟机进行处理并导致程序终止运行。

6.3.4 throw 关键字

微课 6-7

throw 关键字

JDK 中定义了大量的异常类，虽然这些异常类可以描述编程时出现的大部分异常情况，但是在程序开发中有可能需要描述程序中特有的异常情况。例如，在对一个数求阶乘时，这个数不能是负数。为了解决这个问题，Java 允许用户自定义异常类，但自定义的异常类必须继承自 Exception 类或其子类。

下面的代码自定义了一个异常类：

```
class FushuException extends Exception{     // 自定义异常类继承 Exception 类
    public FushuException(){
        super();                            // 调用 Exception 类无参的构造方法
    }
    public FushuException(String message){
        super(message);                     // 调用 Exception 类有参的构造方法
    }
}
```

通常，自定义的异常类只需继承 Exception 类，在构造方法中使用 super()语句调用 Exception 类的构造方法即可。

既然自定义了异常类，那么该如何使用它呢？这时就需要用到 throw 关键字。throw 关键字用于在方法中声明抛出异常的实例对象，其语法格式如下：

```
throw ExceptionObject;
```

下面定义测试类，调用 fact()方法对一个数求阶乘，在 fact()方法中判断该数是否为负数，如果为负数，则使用 throw 关键字在方法中向调用者抛出自定义的 FushuException 异常对象，代码如例 6-10 所示。

【例 6-10】自定义异常类的使用。

```
public class Example6_10 {    // 定义测试类
    public static void main(String[] args) {
        // 下面的代码定义了一个 try-catch 语句，用于捕获异常
        try {
            int res = fact(-2); // 调用 fact()方法对-2 求阶乘
            System.out.println(res);
        } catch (FushuException e) {             // 对捕获到的异常进行处理
            System.out.println(e.getMessage()); // 输出捕获的异常信息
        }
    }
    // fact()方法用于对一个数求阶乘，并使用 throws 关键字声明抛出异常
    public static int fact(int x) throws FushuException {
        int result=1;
        if(x<0)
            // 使用 throw 关键字声明抛出 FushuException 实例对象
            throw new FushuException("负数不能计算阶乘");
        else
            {
            for(int i=1;i<=x;i++)
                result=result*i;                 // 计算阶乘
            }
        return result;                           // 将计算结果返回
    }
}
```

【运行结果】

```
负数不能计算阶乘
```

在上面的代码中，通过 try-catch 语句来捕获 fact()方法抛出的异常。在调用 fact()方法时，由于传入的数为负数，程序抛出了一个自定义异常 FushuException，该异常被 catch 代码块捕获后处理，输出异常信息。

【案例 6-3】 异常成绩处理

在成绩管理系统中，有一个成绩输入模块，该模块可以让用户输入多个学生的成绩。在成绩输入过程中，当出现输入数据的类型错误，或输入的成绩不在 0~100 时，可通过抛出异常向用户提示数据错误，然后进行异常处理来保证后续功能的正常执行。

【案例分析】

（1）本案例考虑到用户可能输入各种类型的错误数据，在输入时可通过 Scanner 对象的 next Line()方法读取用户输入的一行内容，然后将其转为 float 型的数据。转换过程中，如果 Java 虚拟机抛出 NumberFormatException，则表示用户输入的数据类型错误。例如，输入的不是数字字符，或者输入的数字字符中夹杂英文字符，这时输入内容转成 float 型数据会抛出异常。

（2）还需要自定义一个异常类 InvalidScoreException，表示不合法的成绩异常。当输入的成绩不是 0~100 时，需要抛出该异常。

（3）对于前面抛出的异常，可以通过 try-catch 语句进行捕获，捕获之后给用户相应的提示，同时本次输入的数据无效，需要重新输入。

【程序实现】

异常类：

```
package task03;
class InvalidScoreException extends Exception { // 自定义一个异常类继承自 Exception 类
    InvalidScoreException() {
        super(); // 调用 Exception 类无参的构造方法
    }
    InvalidScoreException(String s) {
        super(s); // 调用 Exception 类有参的构造方法
    }

}
```

测试类：

```
package task03;
import java.util.Scanner;
public class TestScore {
    public static void main(String[] args) {
        float scores[]=new float[50];
        for(int i=0;i<scores.length;i++)
        {
            System.out.print("请输入第"+(i+1)+"个学生的成绩：");
            Scanner sc=new Scanner(System.in);
            String temp=sc.nextLine();  // 保存输入的成绩
            try {
                float score=Float.parseFloat(temp);// 将字符串表示的成绩转为 float 型
                if(score<0||score>100)
                    // 抛出 InvalidScoreException
                    throw new InvalidScoreException("成绩不在 0~100 之间！");
            } catch (NumberFormatException e1) {
                System.out.println("输入的成绩类型错误！请重新输入！");
                i--;
            }catch (InvalidScoreException e2) {
                System.out.println(e2.getMessage()+"请重新输入！");
                i--;
            }
        }
    }
}
```

【运行结果】

```
请输入第 1 个学生的成绩：20
请输入第 2 个学生的成绩：cc
```

```
输入的成绩类型错误！请重新输入！
请输入第 2 个学生的成绩: 90
请输入第 3 个学生的成绩: -20
成绩不在 0~100 之间！请重新输入！
请输入第 3 个学生的成绩: 80
请输入第 4 个学生的成绩: 78
...
```

模块小结

本模块主要介绍了抽象类、接口和异常处理。首先介绍了抽象类和接口的概念、定义及使用，然后介绍了异常的概念、异常的处理机制，同时通过 3 个案例介绍了这部分内容的典型应用。通过本模块的学习，读者应该掌握抽象类、接口、异常的概念和定义，异常的处理机制，并能在实际编程中使用它们来解决问题。本模块的知识点如图 6-2 所示。

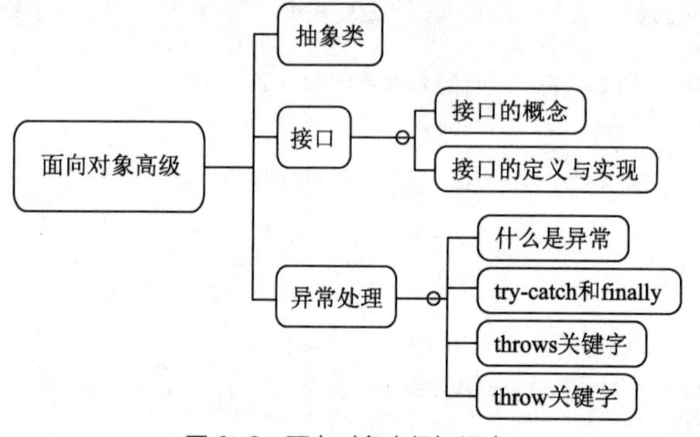

图 6-2 面向对象高级知识点

自我检测

一、选择题

1. 下面程序定义了一个类，关于该类说法正确的是（　　）。

```
abstract class abstractClass{
...
}
```

A. 该类能调用 new abstractClass()方法实例化一个对象
B. 该类不能被继承
C. 该类的方法都不能被重写
D. 以上说法都不对

2. 现有类 A 和接口 B，以下描述中表示类 A 实现接口 B 的语句是（　　）。

A. class A implements B　　B. class B implements A
C. class A extends B　　D. class B extends A

3. 接口的所有成员方法都具有（　　）属性。

A. private, final　　B. public, abstract
C. static, protected　　D. static

4. 如果一个接口为 Cup，有一个方法 private void use()。类 SmallCup 实现接口 Cup，则在类 SmallCup 中正确的语句是（　　）。

A. void use() {…}
B. protected void use() {…}
C. public void use() {…}
D. 以上语句都可以用在类 SmallCup 中

5. 抛出异常时，应该使用的关键字是（　　）。

A. throw　B. catch　C. finally　D. try

6. 对于 try-catch 语句的排列方式，正确的一项是（　　）。

A. 子类异常在前，父类异常在后
B. 父类异常在前，子类异常在后
C. 只能有子类异常
D. 父类异常与子类异常不能同时出现

7. 对于 try-catch 语句的排列方式，正确的一项是（　　）。

A. try 代码块后必须紧跟 catch 代码块
B. catch 代码块无须紧跟在 try 代码块后
C. 可以有 try 代码块但无 catch 代码块
D. try 代码块后必须紧跟 finally 代码块

8. 在异常处理中，将可能抛出异常的方法放在（　　）代码块中。

A. throws　B. catch　C. try　D. finally

二、编程题

1. 创建一个水果类 Fruit，并将它声明为抽象类。类中定义一个 color 属性，表示水果的颜色；定义一个构造方法给 color 属性赋值；再定义一个抽象方法 harvest()，表示收获。然后定义两个类 Apple 和 Orange 分别继承 Fruit，并在这两个类中实现 harvest()方法。在测试类中，分别创建这两个类的实例对象，测试调用该方法。

2. 创建一个名为 Vehicle 的接口，在接口中定义两个方法 start()和 stop()。然后分别定义 Bike 和 Bus 类实现 Vehicle 接口，并实现接口中对应的方法。在测试类中创建 Bike 和 Bus 实例对象，并调用 start()和 stop()方法。

自我评价

<table>
<tr><td>技能目标</td><td colspan="4">能够采用面向对象的编程思想来解决实际问题，并能够处理程序中的异常。掌握抽象类的概念、定义与使用；接口的概念、定义与实现；异常的概念和异常处理</td></tr>
<tr><td rowspan="2">程序员综合素养自我评价</td><td>需求分析能力</td><td>编码规范化</td><td>软件测试能力</td><td>团队协作能力</td></tr>
<tr><td></td><td></td><td></td><td></td></tr>
</table>

模块7 常用Java API

07

学习目标（含素养要点）:

- 掌握 Object 类中的常用方法。
- 掌握字符串类的使用（法律意识）。
- 掌握伪随机数的产生方法（伦理道德）。
- 了解基本数据类型包装类（工匠精神）。
- 掌握日期时间类的应用（科技报国）。

在编写 Java 程序时，并不是所有的类和接口都需要我们去定义，JDK 自带很多常用的系统类，直接使用即可。比如在进行字符串处理时，有专门的字符串处理类，我们可以直接使用该类提供的方法对字符串进行操作，这样程序编写变得更加方便、快捷。本模块主要介绍在程序编写过程中经常用到的 Java API。

7.1 Object 类

Object 类是所有类的父类，任何类都默认继承 Object 类，包括用户自定义的类。我们在自定义类中可以直接使用 Object 类中的方法，也可以对这些方法进行重写。

微课 7-1

Object 类

Object 类提供了很多方法，下面重点介绍两种常用的方法——toString()和equals()。toString()方法可以返回对象的字符串表示，equals()方法可以指示某个其他对象是否与此对象“相等”。

7.1.1 toString()方法

toString()方法的功能是返回某对象的字符串表示，下面介绍 toString()方法的使用和重写。

1. toString()方法的使用

因为所有的类都默认继承自 Object 类，而在 Object 类中定义了 toString()方法，所以 toString()方法可以被其他类直接调用，不需要在类中再定义这个方法。toString()方法可以输出对象的基本信息，具体代码如下：

```
getClass().getName() + "@" + Integer.toHexString(hashCode( ) );
```

其中，getClass().getName()可以返回对象所属类的类名；hashCode()是 Object 类中定义的一个方法，该方法对对象的内存地址进行哈希运算，返回一个 int 型的哈希值；Integer.toHexString(hashCode())代表将对象的哈希值用十六进制表示。

【例 7-1】使用 toString()方法查看 Student 类中对象 stu 的基本信息。

【例题分析】

使用 toString()方法查看对象的基本信息，可以在输出语句中直接使用“对象名.toString()”的形式实现。

【程序实现】

```
class Student{
    String stu_num;
    String stu_name;

    public Student(String stu_num, String stu_name) {
        this.stu_num = stu_num;
        this.stu_name = stu_name;
    }
}
public class Example7_1 {
    public static void main(String[] args) {
        Student stu=new Student("101","张思睿");
        System.out.println(stu);
        System.out.println(stu.toString());
    }
}
```

【运行结果】

```
Example7_1.Student@15db9742
Example7_1.Student@15db9742
```

通过上面的运行结果可以看出，在对 stu 对象进行输出时，两个输出结果是一样的，这是因为输出一个对象，系统会自动调用该对象的 toString()。而这个方法就是 Student 类从 Object 类默认继承来的，可获得对象的基本信息，但这个基本信息没有太大的实际意义，因此我们需要重写 Object 类提供的 toString()方法。

2. toString()方法的重写

在实际开发中，有时候希望对象的 toString()方法返回特定的信息，这时重写 Object 类的 toString()方法便可以实现。

【例 7-2】在 Student 类中重写 toString()方法，让其返回的是学生的基本信息“学号：××，姓名：××”。

【例题分析】

使用 toString()方法可以查看对象的基本信息，在类中重写 toString()方法后也可以返回特定的信息。对 toString()方法进行重写并不需要编写继承 Object 类的语句，直接在程序中重写即可。

【程序实现】

```
class Student{
    String stu_num;
```

```
    String stu_name;
    public Student(String stu_num, String stu_name) {
        this.stu_num = stu_num;
        this.stu_name = stu_name;
    }
    public String toString(){
        return "学号: "+stu_num+", 姓名: "+stu_name;
    }
}
public class Example7_2 {
    public static void main(String[] args) {
        Student stu=new Student("101","张思睿");
        System.out.println(stu);
    }
}
```

【运行结果】

```
学号: 101, 姓名: 张思睿
```

通过运行结果可以看出，toString()方法被重写以后，可以根据用户需求返回特定的值。

7.1.2 equals()方法

equals()方法也是 Object 类中常用的方法，它的返回值是布尔型的，通常用来比较某个对象与被比较对象是否“相等”，如果“相等”，则返回 true，否则返回 false，代码如下：

```
public boolean equals(Object obj)
```

【例 7-3】在程序中使用 equals()方法，比较两个对象是否“相等”。

【例题分析】

对基本数据类型的数据进行比较，可以借助关系运算符“==”实现，但对于引用数据类型的类来说，不能使用“==”判断两个对象是否“相等”，因此需要使用 equals()方法。

【程序实现】

```
class Student{
    String stu_num;
    String stu_name;
    public Student(String stu_num, String stu_name) {
        this.stu_num = stu_num;
        this.stu_name = stu_name;
    }
}
public class Example7_3 {

    public static void main(String[] args) {
        Student stu1=new Student("101","张思睿");
        Student stu2=new Student("102","李向前");
        Student stu3=new Student("101","张思睿");
        System.out.println(stu1.equals(stu1));
        System.out.println(stu1.equals(stu2));
        System.out.println(stu1.equals(stu3));
```

```
    }
}
```

【运行结果】

```
true
false
false
```

通过运行结果可以看出，Student 对象在进行比较时使用了从 Object 类默认继承的 equals()方法。同一对象使用 equals()方法进行比较，返回 true；而两个对象即使有相同的属性值，返回也是 false。因此需要重写 equals()方法来实现对象“相等”的判断，这在案例 7-1 中进行介绍。

【案例 7-1】 两只完全相同的宠物

在日常生活中，越来越多的人喜欢饲养宠物。当宠物们聚在一起时，我们经常会进行比较，主要会比较它们的种类、年龄、重量和颜色等。

试利用学过的知识编写程序模拟宠物比较，当两只宠物的属性完全相同时，返回 true，否则返回 false。

【案例分析】

首先创建宠物类，在类中定义 2 个成员变量，分别表示宠物的品种、颜色，在类中重写 equals()方法来比较两个对象是否“相等”，在类中重写 toString()方法输出对象。以宠物狗为例，生成 3 只狗的对象，对其进行比较，完全相同返回 true，否则返回 false。

【程序实现】

Dog.java：

```
package task01;
class Dog {
    private String name;
    private String color;

    public Dog(String name, String color) {
        this.name = name;
        this.color = color;
    }
    public String toString() {
        return "狗狗的品种是：" + name + ",颜色是" + color;
    }

    public boolean equals(Object obj) {
        if (this == obj)
            return true;
        if (obj == null)
            return false;
        if (getClass() != obj.getClass())
            return false;
        Dog other = (Dog) obj;
        if (color == null) {
```

```
            if (other.color != null)
                return false;
        } else if (!color.equals(other.color))
            return false;
        if (name == null) {
            if (other.name != null)
                return false;
        } else if (!name.equals(other.name))
            return false;
        return true;
    }
}
```

SamePet.java：

```
package task01;

public class SamePet {
    public static void main(String[] args) {
        Dog dog1 = new Dog("泰迪", "棕色");
        System.out.println(dog1.toString());
        Dog dog2 = new Dog("吉娃娃", "黄白");
        System.out.println(dog2.toString());
        Dog dog3 = new Dog("泰迪", "棕色");
        System.out.println(dog3.toString());
        System.out.println("检测结果为: " + dog1.equals(dog2));
        System.out.println("检测结果为: " + dog1.equals(dog3));
        System.out.println("检测结果为: " + dog2.equals(dog3));
    }
}
```

【运行结果】

```
狗狗的品种是泰迪，颜色是棕色
狗狗的品种是吉娃娃，颜色是黄白
狗狗的品种是泰迪，颜色是棕色
检测结果为：false
检测结果为：true
检测结果为：false
```

通过运行结果可以看出，程序重写了 toString()和 equals()方法，toString()方法的返回信息发生了改变，与默认的不一样；equals()方法也同样是按照我们设定的判断要求进行比较的。

7.2 字符串类

在编写 Java 程序时，经常会用到字符串。字符串是指一连串的字符，它是由许多单个字符连接而成的，如多个英文字母组成的一个英文单词。字符串中可以包含任意字符，注意：这些字符必须包含在一对英文双引号之内，例如"abcde"。

在 Java 中定义了 String 和 StringBuffer 两个类来封装字符串，并提供了一系列操作字符串的方法，它们都位于 java.lang 包中，因此不需要导入包就可以直接使用。本节将针对 String 类和 StringBuffer 类进行详细讲解。

7.2.1 String 类

String 类代表字符串，Java 程序中的所有字符串字面值（如“abc”）都作为此类的实例实现。字符串广泛应用在 Java 编程中，Java 提供了 String 类来创建和操作字符串。

微课 7-2
String 类

1. 初始化方式

在操作 String 类之前，首先需要对 String 类进行初始化。在 Java 中可以通过以下两种方式对 String 类进行初始化。

（1）直接初始化

可以使用字符串常量直接初始化一个 String 变量，比如：

```
String str="这是用字符串常量直接初始化的方法";
```

（2）使用构造方法初始化

使用 String 类的构造方法可以初始化 String 对象。String 类的构造方法如表 7-1 所示。

表 7-1 String 类的构造方法

构造方法	方法的功能
String()	创建一个内容为空的字符串
String(String value)	创建一个具有指定内容的字符串
String(char[ ] value)	创建一个内容为字符型数组的字符串

表 7-1 中列出了 3 种构造方法，通过调用不同的构造方法可以完成 String 类的初始化。接下来通过一个例题来学习如何使用 String 类进行字符串初始化。

【例 7-4】分别使用 3 种构造方法对 String 类进行初始化。

【例题分析】

表 7-1 中的 3 种构造方法都可以对 String 类进行初始化，注意在使用时的参数变化。

【程序实现】

```
public class Example7_4 {
    public static void main(String[] args) {
    String str1=new String();
    String str2=new String("我是带字符串内容的构造方法");
    char[] charArray=new char[]{'A','r','r','a','y'};
    String str3=new String(charArray);
    System.out.println("下面会出现一个空行，这是 str1 生成的空字符串");
    System.out.println(str1);
    System.out.println(str2);
    System.out.println(str3);
    }
}
```

【运行结果】

```
下面会出现一个空行，这是 str1 生成的空字符串
```

```
我是带字符串内容的构造方法
Array
```

2. String 类的常见操作

String 类在实际开发中经常会用到，接下来先介绍一些 String 类中常用的方法，如表 7-2 所示。

表 7-2　String 类中常用的方法

方　法	方法的功能
char charAt(int index)	返回字符串中 index 位置上的字符，其中，index 的取值从 0 开始，到字符串长度-1
int indexOf(String str)	返回指定字符串在字符串中第一次出现位置的索引
int lastindexOf(String str)	返回指定字符串在字符串中最后一次出现位置的索引
int length()	返回字符串的长度
boolean startsWith(String suffix)	返回字符串是否以指定字符串开始
boolean endsWith(String suffix)	返回字符串是否以指定字符串结尾
boolean equals(Object anObject)	将字符串与指定字符串比较
boolean contains(CharSequence cs)	判断字符串中是否包含指定的字符序列（即字符串）
static String valueOf(int i)	返回 int 型参数的字符串表示形式
char[ ] toCharArray()	将字符串转换为字符型数组
String replace(CharSequence oldstr, CharSequence newstr)	返回新字符串，其中，用新字符串 newstr 替换了旧字符串 oldstr
String[ ] split(String regex)	根据参数将字符串分割为若干子字符串
String substring(int beginIndex)	返回新字符串，包括从指定的 beginIndex 处开始到字符串末尾的所有字符
String substring(int beginIndex, int endIndex)	返回新字符串，包括从指定的 beginIndex 处开始到 endIndex-1 处的所有字符
String toLowerCase()	使用默认语言环境的规则将此 String 中的所有字符都转换为小写
String toUpperCase()	使用默认语言环境的规则将此 String 中的所有字符都转换为大写
String trim()	返回新字符串，去掉原字符串首尾空格

在程序中，需要对字符串进行一些基本操作，如获得字符串长度、获得指定位置的字符等。下面通过例题来介绍 String 类中常用方法的使用。

【例 7-5】在程序中定义一个字符串，字符串内容是自己的身份证号，输出身份证号的长度，截取其中的出生日期，并根据前两位是否为“37”判断这个身份证号是否为山东的身份证号。

【例题分析】

本例题根据身份证号提取信息，可以灵活运用字符串中的操作方法，主要操作包括对字符串长度的计算、子串的提取和对字符串内容的判断。

【程序实现】

```
public class Example7_5 {
    public static void main(String[] args) {
        String str="370***19751006****";
```

```
        String str1="37";
        System.out.println("身份证号长度为: "+str.length());
        System.out.println("出生日期为: "+str.substring(6, 14));
        if(str.startsWith(str1)){
            System.out.println("身份证号对应的省份为山东省");
        }
        else{
            System.out.println("身份证号对应的省份不是山东省");
        }
    }
}
```

【运行结果】

```
身份证号长度为: 18
出生日期为: 19751006
身份证号对应的省份为山东省
```

从运行结果中可见，通过 3 个方法成功地将身份证号的长度计算出来、将出生日期提取出来、将字符串是否以“37”开头判断出来。

在程序开发中，用户输入数据时经常会有一些错误字符和空格，这时可以使用 String 类的 replace()和 trim()方法，进行字符串的替换和去除空格操作。接下来通过一个例题来学习这两个方法的使用。

【例 7-6】有一个字符串 str1，内容为“2019 年的今天是一个特别的日子”，其中的年份应修改为 2020 年，请使用 String 类的方法来处理。还有一个字符串 str2，其内容为“ 我会 终生 难忘 。 ”，请将其中的空格去除。

【例题分析】

本程序主要进行内容的替换和空格的去除，因此要用到 String 类的 replace()和 trim()方法。

【程序实现】

```
public class Example7_6 {
    public static void main(String[] args) {
        String str1="2019年的今天是一个特别的日子";
        String str2="  我会  终生 难忘 。 ";
        System.out.println("将2019用2020替换的结果为:"+str1.replace("2019", "2020"));
        System.out.println("先去除两端的空格后结果为: "+str2.trim());
        System.out.println("将空格都去除后结果为: "+str2.replace(" ", ""));
    }
}
```

【运行结果】

```
将2019用2020替换的结果为: 2020年的今天是一个特别的日子
先去除两端的空格后结果为: 我会  终生 难忘 。
将空格都去除后结果为: 我会终生难忘。
```

【例 7-7】使用 equals()方法进行简单的用户登录模拟，如用户名、密码都正确，则显示登录成功。

【例题分析】

本程序主要对字符串进行比较，判断其是否一致，如果一致，则返回 true，不一致则返回 false。对用户名和密码的判断可以使用 equals()方法实现，String 类覆盖了 Object 类的 equals()方法，故可以进行字符串内容的判断。

【程序实现】

```
import java.util.*;
public class Example7_7 {
    public static void main(String[] args) {
    String username="admin";
    String password="123";
    System.out.println("请输入用户名：");
    Scanner sc=new Scanner(System.in);
    String str1=sc.next();
    if(str1.equals(username)){
        System.out.println("请输入密码：");
        String str2=sc.next();
        if(str2.equals(password)){
            System.out.println("恭喜您，登录成功");
        }else{
            System.out.println("对不起，您的密码错误");
        }
    }else{
        System.out.println("您输入的用户名有误！");
    }
    }
}
```

【运行结果】

```
请输入用户名：
admin
请输入密码：
123
恭喜您，登录成功
```

除了以上例题中的方法，String 类的其他方法也经常会用到，读者可以通过查阅 API 文档学习其他方法的使用。

微课 7-3

StringBuffer 类

7.2.2 StringBuffer 类

由于字符串是常量，因此一旦创建，其内容和长度是不可改变的。如果需要对一个字符串进行修改，则只能创建新的字符串。为了便于对字符串进行修改，JDK 提供了一个 StringBuffer 类（可生成字符串缓冲区）。StringBuffer 类和 String 类最大的区别在于，其对象的内容和长度都是可以改变的。StringBuffer 类似一个字符容器，当在其中添加或删除字符时，并不会产生新的 StringBuffer 对象。针对添加和删除字符的操作，StringBuffer 类提供了一系列的方法，如表 7-3 所示。

表 7-3　StringBuffer 类常用的方法

方法	方法的功能
StringBuffer append(char c)	在 StringBuffer 对象末尾添加字符串
StringBuffer insert(int offset,String str)	在 offset 位置处插入字符串 str

续表

方法	方法的功能
StringBuffer deleteCharAt(int index)	删除指定位置的字符
StringBuffer delete(int start, int end)	删除指定范围的字符或字符串
StringBuffer replace(int start, int end, String s)	在 StringBuffer 对象中替换指定的字符或字符串
void setCharAt(int index, char ch)	修改指定位置的字符
String toString()	返回字符串缓冲区中的字符串
StringBuffer reverse()	字符串翻转

【例 7-8】使用 StringBuffer 类的方法对字符串进行添加、删除和修改。

【例题分析】

本程序使用 StringBuffer 类生成一个字符串缓冲区，然后使用 append()、insert()、delete()等方法对字符串进行操作。

【程序实现】

```
public class Example7_8 {
    public static void main(String[] args) {
        System.out.println("1. 添加------------------------");
        add();
        System.out.println("2. 删除------------------------");
        remove();
        System.out.println("3.修改------------------------");
        alter();
    }
    public static void add() {
        StringBuffer strbuf = new StringBuffer();
        strbuf.append("今天心情不错");
        System.out.println("append()添加结果: " + strbuf);
        strbuf.insert(2, "我真的");
        System.out.println("insert()添加结果: " + strbuf);
    }
    public static void remove() {
        StringBuffer strbuf = new StringBuffer("我们要好好学习");
        strbuf.delete(1, 5);
        System.out.println("删除指定位置字符结果: " + strbuf);
        strbuf.deleteCharAt(2);
        System.out.println("删除指定位置字符结果: " + strbuf);
        strbuf.delete(0, strbuf.length());
        System.out.println("清空字符串缓冲区结果: " + strbuf);
    }
    public static void alter() {
        StringBuffer strbuf = new StringBuffer("你要永远快乐");
        strbuf.setCharAt(1, '会');
        System.out.println("修改指定位置字符结果: " + strbuf);
        strbuf.replace(1, 4, "一定会");
        System.out.println("替换指定位置字符（串）结果: " + strbuf);
        System.out.println("字符串翻转结果: " + strbuf.reverse());
```

```
    }
}
```

【运行结果】

```
1. 添加------------------------
append()添加结果：今天心情不错
insert()添加结果：今天我真的心情不错
2. 删除------------------------
删除指定位置结果：我学习
删除指定位置结果：我学
清空缓冲区结果：
3. 修改------------------------
修改指定位置字符结果：你会永远快乐
替换指定位置字符（串）结果：你一定会快乐
字符串翻转结果：乐快会定一你
```

StringBuffer 类和 String 类有很多相似之处，在使用时很容易混淆。接下来针对这两个类进行对比，简单归纳两者的不同。

（1）String 类表示的字符串是常量，一旦创建后，内容和长度都是无法改变的。而 StringBuffer 类表示字符容器，其对象的内容和长度可以随时修改。

（2）String 类覆盖了 Object 类的 equals()方法，而 StringBuffer 类没有覆盖 Object 类的 equals()方法。

（3）String 对象可以用操作符“+”进行连接，而 StringBuffer 对象则不能。

【案例 7-2】 统计《红楼梦》中人物出现的次数

《红楼梦》是中国古代章回体长篇小说，也是中国古典四大名著之一，亦是举世公认的中国古典小说巅峰之作之一。本案例的数据源自《红楼梦》中的一个片段，请编写程序，统计黛玉、宝玉和宝钗的名字出现的次数。

《红楼梦》片段：宝钗是何等老谋深算，宝玉、黛玉说话想讨便宜，哪里是宝钗的对手。“凤姐虽不通达，但只见他三人形景，便知其意”，说什么只是形式，观颜察色，知微见著才是功夫，这是王熙凤的强项。宝玉在宝钗处讨了没趣，黛玉非但不体谅，最后还要再打趣，硬是把个宝玉逼到墙角。黛玉这样的说话习惯不好。

【案例分析】

这个案例需要先定义整串和子串。要查找子串在整串中出现的次数，可以先使用 String 类的 contains()方法，判断整串中是否包含子串，如果不包含，那么不用计算；如果包含，先记录子串在整串中第一次出现的索引。获取索引之后，再在整串中该索引加上子串长度位置处继续寻找，以此类推，通过循环完成查找，直到找不到子串为止。对于本题，子串就是“黛玉”“宝玉”和“宝钗”。

【程序实现】

StringTest.java：

```
package task02;
public class StringTest {
    public static void main(String[] args) {
        String str = "宝钗是何等老谋深算，宝玉、黛玉说话想讨便宜，" +
```

```
        "哪里是宝钗的对手。“凤姐虽不通达，但只见他三人形景，便知其意”，" +
        "说什么只是形式，观颜察色，知微见着才是功夫，这是王熙凤的强项。" +
        "宝玉在宝钗处讨了没趣，黛玉非但不体谅，最后还要再打趣，硬是把个宝玉" +
        "逼到墙角。黛玉这样的说话习惯不好";// 整串
        String key1 = "黛玉";// 子串
        String key2="宝玉";// 子串
        String key3="宝钗";// 子串
        int count1 = getKeyStringCount(str, key1);
        System.out.println("黛玉出现的次数为: " + count1);
        int count2 = getKeyStringCount(str, key2);
        System.out.println("宝玉出现的次数为: " + count2);
        int count3 = getKeyStringCount(str, key3);
        System.out.println("宝钗出现的次数为: " + count3);
    }
    /**
     * 获取子串在整串中出现的次数
     */
    public static int getKeyStringCount(String str, String key) {
        // 定义计数器，记录出现的次数
        int count = 0;
        // 如果整串中不包含子串，则直接返回 count
        if (!str.contains(key)) {
            return count;
        }
        // 定义变量记录 key 出现的位置
        int index = 0;
        while ((index = str.indexOf(key)) != -1) {
            str = str.substring(index + key.length());
            count++;
        }
        return count;
    }
}
```

【运行结果】

```
黛玉出现的次数为: 3
宝玉出现的次数为: 3
宝钗出现的次数为: 3
```

通过运行结果可以看到，黛玉、宝玉和宝钗出现的次数都是 3。计算子串在整串中出现次数的核心是 getKeyStringCount()方法，3 个人物的出现次数均使用此方法统计。

7.3 随机数的产生

Math 类是数学操作类，提供了一系列用于数学运算的静态方法，包括求绝对值、三角函数、求最值等的方法。Math 类中还有两个静态常量 PI 和 E，分别代表数学常量 π 和 e。

7.3.1 Math 类

由于 Math 类比较简单，因此初学者可以通过查看 API 文档来学习 Math 类的具体用法。下面

通过一个例题来学习 Math 类中常用方法的使用。

【例 7-9】Math 类的常用方法举例。

【例题分析】

本程序要用 Math 类中的方法进行一些数学运算。

【程序实现】

```
public class Example7_9 {
    public static void main(String[] args) {
        System.out.println("计算绝对值的结果：" + Math.abs(-10));
        System.out.println("对小数进行四舍五入后的结果：" + Math.round(5.8));
        System.out.println("求两个数的较大值：" + Math.max(20, 11));
        System.out.println("求两个数的较小值：" + Math.min(21, -21));
        System.out.println("生成一个大于等于 0.0 小于 1.0 的随机值：" + Math.random());
        System.out.println("求大于参数的最小整数：" + Math.ceil(4.3));
        System.out.println("求小于参数的最大整数：" + Math.floor(-3.8));
    }
}
```

【运行结果】

```
计算绝对值的结果：10
对小数进行四舍五入后的结果：6
求两个数的较大值：20
求两个数的较小值：-21
生成一个大于等于 0.0 小于 1.0 的随机值：0.755031247836597
求大于参数的最小整数：5.0
求小于参数的最大整数：-4.0
```

通过运行结果可以看到，对于一些常见运算的实现，使用 Math 类的方法非常方便，因此掌握 Math 类方法的使用可以大大提高程序编写的效率。

【例 7-10】使用 Math 类的 random()方法生成由 4 位数字组成的验证码。

【例题分析】

本程序要用 Math 类中的 random()方法，random()方法只能产生 0.0~1.0 的随机数，但题目要求产生的是整数，所以需要进行转换。

【程序实现】

```
public class Examples7_10 {
    public static void main(String[] args) {
        String sCode="";
        for (int i = 0; i < 4; i++) {
            sCode+= (int)(Math.random() * 10);
        }
        System.out.println("系统产生的验证码："+sCode);
    }
}
```

【运行结果】

```
系统产生的验证码：6593
```

7.3.2 Random 类

Math 类中有 random()方法，但它只能产生 0.0~1.0 的随机数，而 Random 类中有更多的实现随机数的方法。接下来我们就一起来学习 Random 类。

在 JDK 的 java.util 包中有一个 Random 类，它可以在指定的取值范围内随机产生数字。在 Random 类中提供了两个构造方法，如表 7-4 所示。

表 7-4　Random 类的构造方法

构造方法	方法的功能
Random()	创建一个新的随机数生成器
Random(long seed)	使用一个 long 型的种子创建随机数生成器

其中第一个构造方法是无参的，通过它创建的 Random 实例对象，每次使用的种子是随机的，因此每个对象所产生的随机数不同。如果希望创建多个 Random 实例对象产生相同的随机数序列，则需要在创建对象时调用第二个构造方法，传入相同的种子即可。

Random 类提供了很多方法来生成随机数，其常用方法如表 7-5 所示。

表 7-5　Random 类的常用方法

方法	方法的功能
double nextDouble()	随机生成 double 型的随机数
float nextFloat()	随机生成 float 型的随机数
int nextInt()	随机生成 int 型的随机数
int nextInt(int n)	随机生成[0~*n*）的一个 int 型的随机数

在表 7-5 中列出了 Random 类的常用方法，其中，nextDouble()方法返回的是 0.0~1.0 的 double 型的值，nextFloat()方法返回的是 0.0~1.0 的 float 型的值，nextInt(int n)返回的是 0（包括）和指定值 *n*（不包括）之间的值。

接下来，通过几个例题来学习 Random 类的使用。

【例 7-11】生成 15 个[0,100)的随机数。

【例题分析】

本程序要用 Random 类生成随机数，注意在程序中要导入 Random 类，并要使用生成随机整数的方法 nextInt()。

【程序实现】

```
import java.util.Random;
public class Example7_11 {
    public static void main(String[] args) {
        Random r = new Random(); // 不传入种子
        // 随机产生 15 个[0,100)的整数
        for (int x = 0; x < 15; x++) {
            System.out.print(r.nextInt(100)+" ");
        }
    }
}
```

【运行结果】

```
第一次运行结果：62 25 8 16 18 16 12 46 35 66 63 15 27 70 54
第二次运行结果：84 33 91 79 91 24 13 20 32 97 73 97 4 92 53
```

从运行结果可以看到，程序两次运行产生的随机数序列是不一样的。这是因为在创建 Random 实例对象时，没有指定种子，系统以当前时间戳为种子产生随机数。下面将向产生随机数的语句中传入种子。

【例 7-12】传入种子，生成 15 个[0,100)的随机数，查看两次运行结果，观察其变化。

【例题分析】

本程序要用 Random 类生成随机数，在生成 Random 类的对象时传入种子，使用第二种构造方法。

【程序实现】

```
import java.util.Random;
public class Example7_12 {
    public static void main(String[] args) {
        Random r = new Random(10); // 传入种子
        // 随机产生 15 个[0,100)的整数
        for (int x = 0; x < 15; x++) {
            System.out.print(r.nextInt(100)+" ");
        }
    }
}
```

【运行结果】

```
第一次运行结果：13 80 93 90 46 56 97 88 81 14 23 99 91 8 95
第二次运行结果：13 80 93 90 46 56 97 88 81 14 23 99 91 8 95
```

通过运行结果可以看出，当创建 Random 对象时指定了相同的种子，产生的随机数序列是一样的。

【案例 7-3】 抽取幸运观众

编写一个抽取幸运观众的程序，使其能够在所有观众中随机抽中一名观众的姓名。本案例要求能够实现 3 个功能：存储所有观众的姓名、总览全部观众的姓名和随机抽取其中一个人的姓名。比如存储了张三、李四和王五 3 个观众，存完以后可以看到 3 人的姓名，并会在这 3 人中选取 1 人作为幸运观众，并输出该观众的姓名。至此，抽取幸运观众程序成功实现。

【案例分析】

首先需要确定使用什么机制存储观众姓名？如果使用变量，则需要定义的变量数量较多，所以这里选择使用数组。需要存储多少个观众姓名，就创建长度为多少的数组，然后通过键盘输入观众的姓名，输入完成后对数组进行遍历，总览所有观众的姓名，最后通过随机形式抽取其中一名幸运观众。

【程序实现】

```
package task03;
import java.util.Random;
```

```
import java.util.Scanner;
public class LuckyViewers {
    /**
     * 1. 存储所有观众姓名：创建一个数组，通过键盘输入每个观众的姓名，存储到数组中
     */
    public static void addViewerName(String[] viewers) {
        // 通过键盘输入多个观众姓名并存储到数组中
        Scanner sc = new Scanner(System.in);
        for (int i = 0; i < viewers.length; i++) {
            System.out.println("存储第" + (i + 1) + "个观众姓名：");
            // 接收输入的姓名字符串
            viewers[i] = sc.next();
        }
    }

    /**
     * 2. 总览所有观众姓名
     */
    public static void printViewerName(String[] viewers) {
        // 遍历数组，得到每个观众姓名
        for (int i = 0; i < viewers.length; i++) {
            String name = viewers[i];
            // 输出观众姓名
            System.out.println("第" + (i + 1) + "个观众姓名：" + name);
        }
    }

    /**
     * 3. 随机抽取其中一人
     */
    public static String randomViewerName(String[] viewers) {
        // 根据数组长度，获取随机索引
        int index = new Random().nextInt(viewers.length);
        // 通过随机索引从数组中获取姓名
        String name = viewers[index];
        // 返回随机抽到的观众姓名
        return name;
    }

    public static void main(String[] args) {
        System.out.println("--------抽取幸运观众--------");
        // 创建一个可以存储多个观众姓名的数组
        String[] viewers = new String[10];
        /*
         * 1. 存储观众姓名
         */
        addViewerName(viewers);//方法
        /*
         * 2. 总览观众姓名
         */
```

```
        printViewerName(viewers);
        /*
         * 3. 随机抽取其中一人
         */
        String randomName = randomViewerName(viewers);
        System.out.println("抽取的幸运观众是 :" + randomName);
    }
}
```

【运行结果】

```
--------抽取幸运观众--------
存储第 1 个观众姓名:
胡玲玲
存储第 2 个观众姓名:
田小杰
存储第 3 个观众姓名:
王艳
存储第 4 个观众姓名:
李小斌
存储第 5 个观众姓名:
周宁
存储第 6 个观众姓名:
韩磊
存储第 7 个观众姓名:
王建
存储第 8 个观众姓名:
王强
存储第 9 个观众姓名:
杨莹
存储第 10 个观众姓名:
娄燕
第 1 个观众姓名: 胡玲玲
第 2 个观众姓名: 田小杰
第 3 个观众姓名: 王艳
第 4 个观众姓名: 李小斌
第 5 个观众姓名: 周宁
第 6 个观众姓名: 韩磊
第 7 个观众姓名: 王建
第 8 个观众姓名: 王强
第 9 个观众姓名: 杨莹
第 10 个观众姓名: 娄燕
抽取的幸运观众是: 周宁
```

7.4 基本数据类型包装类

微课 7-6

基本数据类型包装类

在 Java 中，很多类的方法都需要接收引用数据类型的对象，此时就无法将一个基本数据类型的值传入。为了解决这样的问题，JDK 提供了一系列的包装类，通过这些包装类可以将基本数据类型的值包装为引用数据类型的对象。在 Java

中，每种基本数据类型都有对应的包装类，如表 7-6 所示。

表 7-6 基本数据类型的包装类

基本数据类型	包装类	基本数据类型	包装类
boolean	Boolean	short	Short
byte	Byte	long	Long
char	Character	float	Float
int	Integer	double	Double

其中，除了 Character 和 Integer 类，其他包装类的名称和基本数据类型的名称一致，只是类名的第一个字母需要大写。

包装类和基本数据类型在进行转换时，引入了装箱和拆箱的概念。其中，装箱是指将基本数据类型的值转为引用数据类型的对象，拆箱是指将引用数据类型的对象转为基本数据类型的值。

【例 7-13】装箱与拆箱演示。

【例题分析】

题目要求使用装箱、拆箱操作，在基本数据类型和引用数据类型之间进行转换。

【程序实现】

```
public class Example7_13 {
    public static void main(String[] args) {
        int a=20;
        //装箱，将使用基本数据类型定义的变量 a 作为参数，装为 Integer 类型
        Integer b=new Integer(a);
        System.out.println(b.toString());
        int c;
        //拆箱，b 是被包装起来的，通过 intValue()方法返回 int 型的值
        c=b.intValue();
        int d=a+c;
        System.out.println(d);
    }
}
```

【运行结果】

```
20
40
```

通过运行结果可以看到，将 int 型的变量 a 作为参数传入，从而转换成了 Integer 类型的对象并输出。对于 Integer 类型的 b，这里使用 intValue()方法将 b 转换成 int 型，即拆箱。拆箱完成后将其值赋给 c，计算 d 的值并输出。

除了 intValue()方法，Integer 类还有很多其他方法，如 valueOf()可以根据 String 类型的参数创建包装类对象，大家可以通过查阅 API 文档学习更多的包装类及其方法。

另外，在使用包装类时需要注意以下几个问题。

（1）包装类都重写了 Object 类中的 toString()方法，以字符串的形式返回被包装的基本数据类型的值。比如：

```
String s = new Integer("666").toString();
```

（2）除了 Character 外，包装类都有 valueOf(String s)方法，可以根据 String 类型的参数创

建包装类对象，但参数字符串 s 不能为 null，而且必须可以解析为对应基本数据类型的数据，否则程序虽然编译通过，但运行时会报错。比如：

```
Integer inte1 = Integer.valueOf("");              // 错误，不能为空
Integer inte 2= Integer.valueOf("12a");           // 错误，不能解析为对应类型
```

（3）除了 Character 外，包装类都有 parseXxx(String s)的静态方法，将字符串转换为对应的基本数据类型的数据。参数字符串 s 不能为 null，而且同样必须可以解析为对应基本数据类型的数据，否则程序虽然编译通过，但运行时会报错。具体示例如下：

```
int inte1 = Integer.parseInt("123");              // 正确
Integer inte2 = Integer.parseInt("itcast");       // 错误，不能解析为对应类型
```

7.5 日期时间类

Java 中用于处理日期时间的类一般有 java.util.Date、java.util.Calendar、用于数据库日期时间映射的类 java.sql.Date，以及 Java 8 之后新增的 java.time 包中相关的类。另外，还有用于日期时间格式化的类 java.text.DateFormat 等。下面重点介绍两种通用的日期时间类：java.util 包中的 Date 类和 Calendar 类。

7.5.1 Date 类

在 Java 中，日期和时间的表示形式有两种，一种是绝对时间，一种是相对时间。绝对时间能够表示一个时间点的年、月、日、小时、分钟、秒等信息，一般用来显示日期时间信息；而相对时间则是以一个时间点与格林尼治时间（1970 年 1 月 1 日的 00:00:00.000）的差值来表示的，是以 ms 为单位的时间偏移量，是一个长整型数，一般用来进行日期时间的计算。

微课 7-7

Date 类

在 JDK 的 java.util 包中提供了一个 Date 类用于表示日期和时间。下面通过一个例题介绍 3 种通过构造方法创建时间对象的方法。

【例 7-14】请使用 Date 类创建一个当前时间的 Date 对象和一个指定时间的 Date 对象，指定时间为自己的出生日期。

【例题分析】

题目要求使用 Date 类创建对象。在 Date 类的构造方法中，无参的构造方法可以创建当前时间的 Date 对象；有参的构造方法 Date(int year, int month, int day) ，可以构造指定日期的 Date 对象。需要注意的是，Date 类中年份的参数应该是实际需要代表的年份减去 1900，月份的参数应该是实际需要代表的月份减去 1 以后的值。

【程序实现】

```
import java.util.Date;
public class Example7_14 {
    public static void main(String[] args) {
        Date d1=new Date();
        Date d2=new Date(1999-1900, 12-1, 1);
        System.out.println(d1);
        System.out.println(d1.getTime());
```

```
        System.out.println(d2);     }
}
```

【运行结果】

```
Wed Jul 29 15:28:32 CST 2020
1596007712374
Wed Dec 01 00:00:00 CST 1999
```

在上面的代码中，“d1”表示的时间是绝对时间，而“d1.getTime()”则表示的是相对时间。

Date 类功能并不是很多，里面的内容逐渐过时，因此从 JDK 1.1 开始，Calendar 类取代了 Date 类的大部分功能，接下来就开始讲解 Calendar 类。

7.5.2 Calendar 类

Calendar 类的功能要比 Date 类强大很多，它在获取日期中的信息时考虑了时区等问题，而且可以方便地进行日期的计算，但实现方式上也比 Date 类复杂一些。

Calendar 类是一个抽象类，且 Calendar 类的构造方法是受保护的，所以无法直接使用 Calendar 类的构造方法来创建对象。Java API 中提供了 getInstance()方法来创建对象。比如：

```
Calendar calendar=Calendar.getInstance();       //创建 Calendar 对象
```

创建的 Calendar 对象默认表示当前的日期时间。如果需要用 Calendar 对象表示特定的日期，则需要设定该对象中的年、月、日参数来完成。比如：

```
calendar.set(2014,4,3);                          //设定年、月、日
```

【例 7-15】有一个项目，从 2020 年 6 月 6 日开始，需要 90 天完成，请使用 Calendar 类计算完成时间。

【例题分析】

题目要求使用 Calendar 类，那就需要先用 getInstance()方法创建 Calendar 对象，再设置开始时间，然后加上项目天数，就是完成时间。

【程序实现】

```
import java.util.Calendar;
public class Example7_15 {
    public static void main(String[] args) {
        Calendar calendar=Calendar.getInstance();//创建 Calendar 对象
        calendar.set(2020,5,6);
        System.out.println("开始时间为"+calendar.get(Calendar.YEAR)+"年"+
         (calendar.get(Calendar.MONTH)+1)+"月"+calendar.get(Calendar.DATE)+"日");
        calendar.add(Calendar.DATE, 90);
        int year=calendar.get(Calendar.YEAR);
        int month=calendar.get(Calendar.MONTH);
        int date=calendar.get(Calendar.DATE);
        System.out.println("完成时间为："+year+"年"+month+"月"+date+"日");
    }
}
```

【运行结果】

```
开始时间为：2020 年 6 月 6 日
完成时间为：2020 年 9 月 4 日
```

在程序中，调用了 Calendar 的 set()方法来设置日期，然后调用 add()方法在 Calendar.DATE 字段上增加了 90 天。当天数累加到当月最大数以后，如果继续累加，就会从 1 开始计数，

同时月份值会加 1。

Calendar 类中还有很多方法，大家可以参阅 API 文档学习。

【案例 7-4】 日历的显示

编写程序，实现根据用户输入的年、月，显示对应月份的日历信息。

【案例分析】

根据已有信息显示某年某月的日历，需要注意每月的天数问题，以及每周七天的显示格式问题。为增强代码的复用性，我们对根据年、月获取日历的过程进行封装，封装为 CalendarBean 类。

【程序实现】

封装类：

```
import java.util.Calendar;
public class CalendarBean {
    private int year;
    private int month;
    public void setYear(int year) {
        this.year = year;
    }
    public void setMonth(int month) {
        this.month = month;
    }
    public String[] getCalendar() {
        String cal[] = new String[42];
        // 1. 将某个月份的日历 1 号之前的空串放入数组中
        Calendar c = Calendar.getInstance();
        c.set(year, month - 1, 1);
        int week = c.get(Calendar.DAY_OF_WEEK) - 1;
        int i;
        for (i = 0; i < week; i++)
            cal[i] = "";
        // 2. 将某个月份的日历 1 号、2 号、……一直到 days 号放入数组中
        c.add(Calendar.MONTH, 1);
        c.add(Calendar.DATE, -1);
        int days = c.get(Calendar.DATE);
        for (int k = 1; k <= days; k++)
            cal[i++] = String.valueOf(k);
        // 3. 将某个月份的日历 days 号之后的空串放入数组中
        for (; i < 42; i++)
            cal[i] = "";
        return cal;
    }
}
```

主类：

```
import java.util.Scanner;
public class MainClass {
    public static void main(String[] args) {
        Scanner ins = new Scanner(System.in);
        System.out.println("请输入要显示日历的年份、月份");
        int year = ins.nextInt();
```

```
        int month = ins.nextInt();
        CalendarBean bean = new CalendarBean();
        bean.setYear(year);
        bean.setMonth(month);
        String cal[] = bean.getCalendar();
        System.out.println("=========="+year+"年"+month+"月"+"==========");
        String title = "日一二三四五六";
        for (int i = 0; i < title.length(); i++) {
            System.out.printf("%6c", title.charAt(i));
        }
        for (int i = 0; i < cal.length; i++) {
            if (i % 7 == 0)
                System.out.println();
            System.out.printf("%4s", cal[i]);
        }
    }
}
```

【运行结果】

程序的运行结果如图 7-1 所示。

```
请输入要显示日历的年份、月份
2021
11
==========2021年11月==========
  日   一   二   三   四   五   六
       1    2    3    4    5    6
  7    8    9   10   11   12   13
 14   15   16   17   18   19   20
 21   22   23   24   25   26   27
 28   29   30
```

图 7-1　日历显示

模块小结

本模块介绍了 Java 语言中常用的 API，主要讲解了 Object 类、String 类、StringBuffer 类、产生随机数的 Random 类以及基本数据类型的包装类和日期时间类。读者掌握了这些 API 的使用，可以让程序编写变得更加方便、快捷。

本模块的知识点如图 7-2 所示。

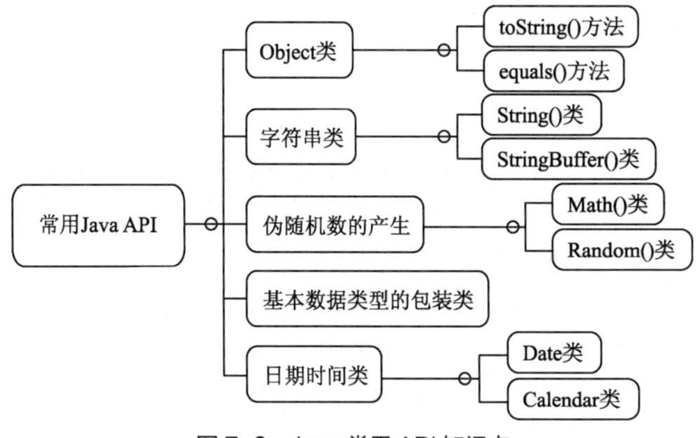

图 7-2　Java 常用 API 知识点

自我检测

一、选择题

1. 有下面的代码，则下列哪个选项返回 true？（　　）

```
String s="hello";
String t="hello";
char c[]={'h','e','l','l','o'};
```

A. t.equals(c)　B. s.equals(t)　C. s.compareTo(t)　D. t==c

2. 如果 s 代表一个字符串，参看下列代码：

```
String str = "";
for(int i=s.length()-1;i>=0;i--){
    str = str + s.charAt(i);
}
```

执行这段代码后，str 的状态是（　　）。

A. 把 s 翻转过来　B. 与 s 相同
C. s 的长度加倍　D. 编译错误

3. 执行以下语句后，s1 的值为（　　）。

```
StringBuffer s1=new StringBuffer("student");
s1.insert(3,"java");
```

A. studentjava　B. stujavadent
C. stjavaudent　D. stujava

4. Random 对象能够生成以下哪种类型的随机数？（　　）

A. int　B. String　C. double　D. A 和 C

5. String、StringBuffer 类都是（　　）修饰的类，都不能被继承。

A. static　B. abstract　C. final　D. private

6. 语句"Hello".equals("hello");的正确执行结果是（　　）。

A. true　B. false　C. 0　D. 1

7. 执行 StringBuffer s1=new StringBuffer("abc"); s1.insert(1,"efg");，则（　　）。

A. s1="efgabc"　B. s1="abefg"　C. s1="abcefg"　D. s1="aefgbc"

8. toLowerCase()将字符串转换为（　　）。

A. 大写字母　B. 小写字母　C. 大写数字　D. 小写数字

二、编程题

1. 编写一个程序，实现字符串大小写的转换并倒序输出，要求如下。

（1）使用 for 循环将字符串 HelloJava 从最后一个字符开始遍历。

（2）遍历某个字符串，将所有的小写字母改为大写字母并输出。

（3）定义一个 StringBuffer 对象，调用 append()方法依次添加遍历的字符，最后调用 StringBuffer 对象的 toString()方法，并将得到的结果输出。

2. 利用 Random 类来产生 10 个 10~50 的随机整数。

提示 产生大于等于 n、小于 m（n、m 均为整数，n<m）的随机数的语句为 n+(new Random()).nextInt(m-n+1)。

三、简答题

1. String 和 StringBuffer 类有什么区别?
2. Date 和 Calender 类有什么区别和联系?

自我评价

<table>
<tr><td>技能目标</td><td colspan="4">能较熟练地使用常用的 Java API 工具，包括 Object 类、String 类、StringBuffer 类、Math 类和 Random 类等</td></tr>
<tr><td rowspan="2">程序员综合素养自我评价</td><td>需求分析能力</td><td>编码规范化</td><td>软件测试能力</td><td>团队协作能力</td></tr>
<tr><td></td><td></td><td></td><td></td></tr>
</table>

模块8 集合框架

08

学习目标（含素养要点）:

- 认识 Java 的集合框架体系。
- 掌握 List 接口的特点及其应用。
- 掌握 Set 接口的特点及其应用（传统文化）。
- 掌握 Map 接口的特点及其应用（爱国情怀）。
- 掌握 Collections 类对集合的常用操作。
- 掌握集合中泛型的应用。

开发应用程序时，如果需要存储多个相同类型的数据，可以使用数组来实现，但使用数组存在以下缺陷。

（1）数组定义以后，长度固定不变，不能很好地适应数据数量动态变化的情况。

（2）通过数组的属性 length 可以获取数组定义时的长度，却无法直接获取数组中实际存储的数据个数。

（3）如果对数组中某一个位置进行数据的插入、删除，需要编写循环语句对该位置后的数据进行后移或前移。

针对数组的使用缺陷，Java 提供了比数组更灵活、更实用的类。这些类的对象长度可变、可存放任意类型的数据。这些类位于 java.util 包中，称为集合框架。使用集合框架来存储、处理数据可以大大提高软件的开发效率。

8.1 集合框架概述

Java 集合框架提供了一套性能优良、使用方便的接口和类，支持开发中使用的绝大多数数据结构。Java 集合框架体系如图 8-1 所示。

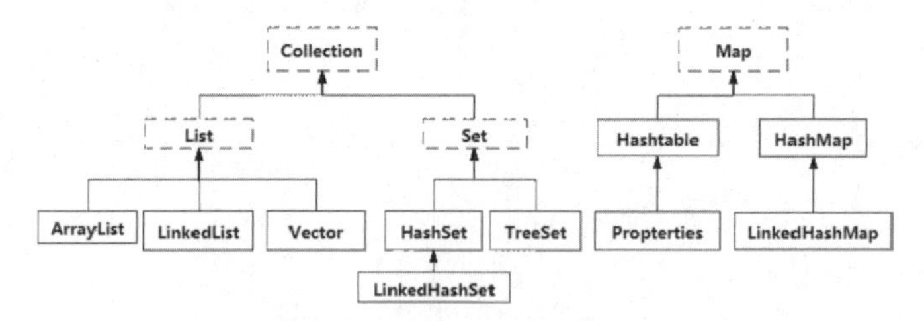

图 8-1　Java 集合框架体系

Java 的集合框架按照其存储结构可以分为两大类，即单列集合 Collection 和双列集合 Map。图 8-1 中的虚线框表示接口或者抽象类，实线框表示开发中常用的类。接下来将分别介绍 Collection、Map 接口及其常用的子类。

8.2 Collection 接口

Collection 是所有单列集合的父接口，此接口中定义了单列集合通用的一些方法，表 8-1 列出了一些常用方法。

表 8-1 Collection 接口的常用方法

方法	功能说明
boolean add(Object o)	向集合中添加一个对象
boolean contains(Object o)	如果集合中包含指定对象，那么返回 true
boolean remove(Object o)	删除集合中指定的对象
int size()	返回该集合中对象的个数
Object[ ] toArray()	这个方法是集合和数组转化的“桥梁”
Iterator<Object o> iterator()	返回对此集合的对象进行迭代的迭代器

表 8-1 中列举了 Collection 接口的部分方法，读者可借助 Java API 文档查询某一方法的具体使用情况。

8.3 List 接口

List 接口是有序的 Collection 接口，使用此集合的用户能够精确地控制每个对象插入的位置。用户能够使用索引（对象在 List 接口中的位置，类似于数组下标）来访问 List 集合中的对象，这类似于前文学习的数组。

8.3.1 List 接口简介

List 接口是 Collection 接口的重要分支之一，代表有序集合。List 集合中对象的存入顺序和取出顺序一致。在 List 集合（列表）中可以存放重复的对象，所有的对象以一种线性方式进行存储。

除了继承父接口 Collection 的一些方法外，List 接口还增加了一些跟顺序有关的方法，如表 8-2 所示。

表 8-2 List 接口的常用方法

方法	功能说明
void add(int index, Object o)	在列表的指定位置插入指定对象
int indexOf(Object o)	返回此列表中第一次出现的指定对象的索引。如果此列表不包含该对象，则返回-1
Object remove(int index)	移除列表中指定位置的对象
Object set(int index, E element)	用指定对象替换列表中指定位置的对象

续表

方法	功能说明
Object get(int index)	返回列表中指定位置的对象
Object[ ] toArray()	返回按适当顺序包含列表中的所有对象的数组

8.3.2 ArrayList 集合

List 接口常用的实现类有 ArrayList、LinkedList 和 Vector。在 ArrayList 内部封装了一个长度可变的数组，当存入的对象个数超过数组长度时，ArrayList 会在内存中分配一个更大的数组来存储这些对象。所以，经常称 ArrayList 为动态数组。

微课 8-1

ArrayList 的基本使用

ArrayList 集合从父接口 List 中继承了很多方法，可用于操作数据，接下来通过一个例题展示 ArrayList 集合对于数据的操作。

【例 8-1】使用 ArrayList 集合管理班级的花名册。

【例题分析】

对花名册的管理包括名字的添加、查找、删除、修改等基本功能，为方便操作，选用集合——ArrayList 的对象进行数据的存储。ArrayList 集合中提供了对应的操作方法。

【程序实现】

```
import java.util.ArrayList;
public class Example8_1 {
public static void main(String[] args) {
        ArrayList list = new ArrayList();
        list.add("张三丰"); //（1）对象的添加
        list.add("郭靖");
        list.add("黄蓉");
        list.add("杨康");
        list.add("黄蓉");
        //（2）输出集合中的原始信息
        System.out.print("原始信息：");
        for (int i = 0; i < list.size(); i++)
            System.out.print(list.get(i) + "\t");
        //（3）判断集合中是否包含小龙女
        System.out.print("\n查找信息：");
        boolean flag = list.contains("小龙女");
        if (flag)
            System.out.println("小龙女在名单中");
        else
            System.out.println("小龙女不在名单中");
        //（4）将集合中的第一个黄蓉替换为李莫愁
        int index = list.indexOf("黄蓉");
        if (index != -1)
            list.set(index, "李莫愁");
        System.out.print("替换后的信息：");
        for (int i = 0; i < list.size(); i++)
            System.out.print(list.get(i) + "\t");
```

```
        //（5）删除集合中的杨康
        list.remove("杨康");
        System.out.print("\n 删除后的信息：");
        for (int i = 0; i < list.size(); i++)
            System.out.print(list.get(i) + "\t");
    }
}
```

【运行结果】

```
原始信息：张三丰    郭靖    黄蓉    杨康    黄蓉
查找信息：小龙女不在名单中
替换后的信息：张三丰  郭靖    李莫愁    杨康      黄蓉
删除后的信息：张三丰  郭靖    李莫愁    黄蓉
```

在上面的例题中，注释（1）部分的 add()方法进行了对象的添加，对重复的数据添加成功。注释（2）部分的对象访问是通过索引进行的，size()方法获取的是集合中实际存放的对象个数。通过运行结果可以看出，对象的获取顺序与添加顺序一致。

在 Eclipse 中编译文件 Example8_1.java 时，会显示图 8-2 所示的警告信息，提示在使用 ArrayList 集合时没有指定集合中存储什么类型的对象，可能产生安全隐患，建议使用泛型这一安全机制来约束集合中的对象类型。接下来向读者介绍泛型的应用。

```
ArrayList list = new ArrayList();
ArrayList is a raw type. References to generic type ArrayList<E> should be parameterized
5 quick fixes available:
  Add type arguments to 'ArrayList'
    Fix 8 problems of same category in file
  Infer Generic Type Arguments...
  Add @SuppressWarnings 'rawtypes' to 'list'
  Add @SuppressWarnings 'rawtypes' to 'main()'
  Configure problem severity
```

图 8-2　警告信息

8.3.3 泛型

泛型是 JDK 1.5 中新增加的特性。泛型的本质是参数化类型，也就是说，所操作的数据类型被指定为一个参数，使代码可以应用于多种类型。简单说来，Java 语言引入泛型的好处是安全、简单，在编译时可检查类型安全。

通过上面的学习，读者可以了解到，集合可以存储任何类型的对象。但是，当把一个对象存入集合后，集合会“忘记”这个对象的类型；将该对象从集合中取出时，这个对象的编译类型就变成 Object 类型。换句话说，在程序中无法确定一个集合中的对象到底是什么类型的。因此，从集合中取出对象时，如果进行强制类型转换就很容易出错，如下代码所示：

```
List list = new ArrayList();
list.add("Banana");
list.add(1);
list.add("Apple");
for(int i=0;i<list.size();i++) {
    String st = (String)list.get(i);
}
```

在上面的代码中，在执行集合对象添加时，没有检查添加对象的类型。在取出时，将它们强制转换为 String 类型，而 Integer 类型的对象无法转换为 String 类型的，程序在运行时报错。为解决这个问题，在定义集合时，可以使用“<参数化类型>”的方式指定该集合中存放的数据类型，语法格式如下：

```
ArrayList <参数化类型> list = new ArrayList <参数化类型> ();
```

下面使用泛型实现上述代码的功能。

【例 8-2】使用泛型建立集合的安全访问机制，完善例 8-1。

【例题分析】

在定义 ArrayList 集合时，通过泛型约定集合中存放的对象类型。在进行对象的添加时，编译器会对添加对象的类型进行检查，对于不符合泛型约束的对象，将在编译时报错，避免程序在运行时报错。

【程序实现】

```
import java.util.ArrayList;
import java.util.List;
public class Example8_2 {
    public static void main(String[] args) {
        List<String> list = new ArrayList<String>();
        list.add("Banana");
        // list.add(1);//添加不符合泛型约束的对象，编译报错
        list.add("Apple");
        for (int i = 0; i < list.size(); i++) {
            String st = list.get(i);
            System.out.println(st);
        }
    }
}
```

【运行结果】

```
Banana
Apple
```

在集合中使用泛型只是泛型多种应用中的一种。在接口、类、方法等方面，泛型也得到了广泛应用，在这里不展开介绍。

使用泛型的主要目的是保证 Java 程序的类型安全和复用性。如果说面向对象的使用是在从上至下的纵向维度实现了代码复用，那么泛型的使用则实现了横向维度的代码复用。读者在进行软件开发时要善于使用面向对象和泛型的编程思想，编写高质量软件。

8.3.4 Iterator 接口

在程序开发中，经常需要遍历 Collection 集合中的所有对象。针对这种需求，JDK 专门提供了 Iterator 接口。Iterator 接口对应的迭代器非常方便地实现集合对象的遍历。Iterator 接口的主要方法如表 8-3 所示。

表 8-3　Iterator 接口的主要方法

方法	功能说明
boolean hasNext()	如果仍有对象可以迭代，则返回 true
E next()	返回迭代的下一个对象
void remove()	在迭代器指向的集合中移除迭代器返回的最后一个对象

【例 8-3】一个 List 集合中存放着一些水果的英文单词，请使用迭代器遍历、输出集合的内容。

【例题分析】

对于有序的 Collection 集合——List，可以使用索引通过 get()和 size()方法来访问集合中的对象。另外也可以使用迭代器进行迭代访问，首先使用 Collection 集合提供的方法 iterator()获取迭代器，然后使用 hasNext()方法判断是否存在下一个可访问的对象，最后使用 next()方法返回要访问的下一个对象。

【程序实现】

```
import java.util.ArrayList;
import java.util.Iterator;
import java.util.List;
public class Example8_3 {
    public static void main(String[] args) {
        List<String> list = new ArrayList<String>();
        list.add("Banana");
        list.add("Apple");
        list.add("Orange");
        Iterator  iterator = list.iterator();
        while (iterator.hasNext()) {
            String s = (String)iterator.next();
            System.out.println(s);
        }
    }
}
```

【运行结果】

```
Banana
Apple
Orange
```

对于上面的程序，在使用迭代器访问 List 集合时，可以对迭代器使用泛型进行约束。使用泛型后，获取对象时就可以不用再进行强制类型转换，如下代码所示：

```
Iterator<String> iterator = list.iterator();
while (iterator.hasNext()) {
        String s = iterator.next();
        System.out.println(s);
}
```

在使用迭代器访问 Collection 集合时，可以对集合中的对象进行增、删、改、查等各种操作，但是如果调用了集合对象的 remove()方法来删除对象，删除或添加对象后继续使用迭代器遍历集合，则会出现异常。下面的程序演示了这种异常。

【例 8-4】一个集合中存放了某班学生的姓名，请将名为杨康的学生删除。

【例题分析】

对于有序的 Collection 集合 List，可以使用迭代器进行访问。下面介绍使用迭代器遍历集合时，删除对象后可能遇到的异常。

【程序实现】

```
import java.util.ArrayList;
import java.util.Iterator;
public class Examples8_4 {
    public static void main(String[] args) {
        ArrayList<String> list = new ArrayList<String>();
        list.add("张三丰");
        list.add("郭靖");
        list.add("杨康");
        list.add("黄蓉");
        list.add("小龙女");
        Iterator<String> it = list.iterator();
        while(it.hasNext()) {
            String st = it.next();
            if(st.equals("杨康"))//删除
                list.remove(st);
        }
        System.out.println(list);
    }
}
```

【运行结果】

运行程序时产生异常，异常信息如图 8-3 所示。

```
Exception in thread "main" java.util.ConcurrentModificationException
	at java.util.ArrayList$Itr.checkForComodification(Unknown Source)
	at java.util.ArrayList$Itr.next(Unknown Source)
	at examples.Examples8_4.main(Examples8_4.java:17)
```

图 8-3　异常信息

上述程序在执行时产生了并发修改异常“ConcurrentModificationException”，产生这个异常的原因是集合中删除了对象，导致迭代器预期的迭代次数发生改变，从而迭代的结果不准确。为了解决上述异常，使用迭代器本身封装的删除方法，将上述删除的代码修改为：

```
if(st.equals("杨康"))//删除
    it.remove();
```

对于上述的删除操作，也可以通过索引遍历集合的方式实现，对应的实现方法如下所示：

```
for(int i=0;i<list.size();i++) {//使用索引进行访问
    String st = list.get(i);
    if(st.equals("杨康")) //删除
          list.remove(i);
}
```

上面删除的对象在集合中都是唯一的，但 List 集合中是可以存放重复对象的，所以存在对集合中的重复对象进行删除的情况。请读者尝试删除集合中多个连续的相同对象。

8.3.5 foreach 循环

JDK 1.5 开始提供了 foreach 循环，也叫增强的 for 循环。使用 foreach 循环可以遍历数组或集合中的对象，它其实是一个迭代器。所以在遍历的过程中，不能对集合中的对象进行增、删操作。

具体语法格式如下：

```
for(集合中对象的类型  变量名称:集合){
        执行语句;
}
```

与前面所学的遍历方式不同，foreach 循环不需要获取集合的长度，也不需要根据索引访问集合中的对象，它会自动遍历集合中的每个对象。

【例 8-5】一个集合中存放了某班学生的姓名，请使用 foreach 循环遍历、输出。

【例题分析】

使用 List 集合存放该班的名单，然后借助 foreach 循环进行遍历并输出。

【程序实现】

```
import java.util.ArrayList;
public class Example8_5 {
public static void main(String[] args) {
   ArrayList<String> list = new ArrayList<String>();
   list.add("张三丰");
   list.add("郭靖");
   list.add("杨康");
   for (String st : list) // 使用foreach循环遍历集合 list
      System.out.println(st);
   }
}
```

【运行结果】

```
张三丰
郭靖
杨康
```

通过上面的例题可以看出，foreach 循环在遍历集合时的语法非常简洁，没有循环条件，也没有迭代语句，所有这些工作都交给虚拟机去执行了。但是，在对数组或者集合进行操作时，foreach 循环是不能完全代替 for 循环的。

【案例 8-1】 简单的图书管理系统

某图书馆里有很多藏书，需要设计一个系统，能够实现添加、删除、修改和查询图书的功能，请使用集合实现这个简单的图书管理系统。

【案例分析】

首先，使用面向对象的思想，抽象封装图书类 Book，并为其封装合适的属性和方法。

其次，使用集合存放图书馆的藏书，并对集合中的图书进行增、删、改、查操作，封装工具类 BookManager，实现图书的基本管理。

最后，BookManager 类同时作为测试驱动类，模拟图书管理系统的增、删、改、查操作。

【程序实现】

第一步，封装 Book 类。

```
public class Book {
    private String ISBN; // 图书的 ISBN
    private String name; // 图书的书名
    private double price; // 图书的单价
    private String author; // 图书的作者
    Book() {
    }
    …//此处省略的方法：Book 类带参数的构造方法、getter()方法、setter()方法和 toString()方法
    public boolean equals(Object obj) {
// 重写 Object 类的 equals()方法，通过 ISBN 即可判断两个对象是否是同一本书
        if (this == obj)
            return true;
        if (obj == null)
            return false;
        if (getClass() != obj.getClass())
            return false;
        Book other = (Book) obj;
        if (ISBN == null) {
            if (other.ISBN != null)
                return false;
        } else if (!ISBN.equals(other.ISBN))
            return false;
        return true;
    }
}
```

Collection 接口提供了 contains()方法，List 接口提供了 indexOf()方法。为了方便在集合中对象的查找，需要经常使用这些方法。而这些方法在集合中查找当前对象时，会遍历集合中的每个对象，然后将集合中的每一个对象与当前对象执行 equals()以判断二者是否相等，为此需要在 Book 类中重写从 Object 类继承来的 equals()方法。

第二步，使用集合存放图书馆的藏书，并实现图书的增、删、改、查操作，以实现图书的基本管理。

```
import java.util.ArrayList;
import java.util.Scanner;
public class BookManager {
    public static void main(String[] args) {
        ArrayList<Book> bookList = new ArrayList<Book>();// 存放图书馆藏书的集合
        Scanner input = new Scanner(System.in);
        int choice = 0;
        while (true) {
            System.out.println("-------------欢迎使用图书管理系统-------------");
            System.out.println("* 1.查看所有图书");
            System.out.println("* 2.图书入库");
            System.out.println("* 3.图书出库");
```

```
            System.out.println("* 4.修改图书信息");
            System.out.println("* 0.退出");
            System.out.println("-------------------------------------------------");
            System.out.println("* 请输入你的选择 (1-4): ");
            choice = input.nextInt();
            switch (choice) {
            case 1:
                findAllBooks(bookList);
                break;
            case 2:
                addBook(bookList);
                break;
            case 3:
                deleteBook(bookList);
                break;
            case 4:
                updateBook(bookList);
                break;
            default:
                System.out.println("感谢使用,再见! ");
                System.exit(0);
                break;
            }
        }
    }
//1.查看所有图书的方法
    public static void findAllBooks(ArrayList<Book> list) {
        if (list.size() == 0) {
            System.out.println("当前图书馆为空,请重新选择!");
            return;
        }
        System.out.println("当前图书馆中的图书信息如下: ");
        for (Book b : list) {
            System.out.println(b);
        }
    }
   // 2.图书入库的方法
    public static void addBook(ArrayList<Book> list) {
        Scanner sc = new Scanner(System.in);
        System.out.println("请输入要添加的图书的信息");
        System.out.print("ISBN:");
        String isbn = sc.next();
        System.out.print("书名:");
        String name = sc.next();
        System.out.print("单价:");
        double price = sc.nextDouble();
        System.out.print("作者:");
        String author = sc.next();
        Book book = new Book(isbn, name, price, author);
        if (list.contains(book)) {
```

```
            System.out.println("该书信息已存在，请重新输入！");
            return;
        }
        list.add(book);
        System.out.println("图书入库成功！");
    }
    //3.图书出库的方法
    public static void deleteBook(ArrayList<Book> list) {
        Scanner sc = new Scanner(System.in);
        System.out.println("请输入要出库的图书的信息");
        System.out.print("ISBN:");
        String isbn = sc.nextLine();
        Book book = new Book();
        book.setISBN(isbn);
        if (list.contains(book)) {
            list.remove(book);
            System.out.println("出库成功！");
            return;
        }
        System.out.println("图书馆中没有该书，请重新输入！");
    }
    //4.修改图书信息的方法
    public static void updateBook(ArrayList<Book> list) {
        Scanner sc = new Scanner(System.in);
        System.out.println("请输入要修改信息的图书 ISBN：");
        System.out.print("ISBN:");
        String isbn = sc.nextLine();
        Book book = new Book();
        book.setISBN(isbn);
        if (list.contains(book)) {
            System.out.println("请输入要修改的信息");
            System.out.print("书名:");
            String name = sc.next();
            System.out.print("单价:");
            double price = sc.nextDouble();
            System.out.print("作者:");
            String author = sc.next();
            book.setName(name);
            book.setAuthor(author);
            book.setPrice(price);
            int index = list.indexOf(book);
            list.set(index, book);
            return;
        }
        System.out.println("图书馆中没有该书，请重新输入！");
    }
}
}
```

【运行结果】

运行结果如图 8-4 所示。

```
Console ⌘  BookManager.java
BookManager [Java Application] D:\java\jre\bin\javaw.exe (2021年7月5日 下午2:47:20)
-------------欢迎使用图书管理系统------------
* 1.查看所有图书
* 2.图书入库
* 3.图书出库
* 4.修改图书信息
* 0.退出
--------------------------------------------
* 请输入你的选择 (1-4):
1
当前图书馆中的图书信息如下:
[ISBN=978-5-1, name=Java程序设计, price=56.0, author=张超]
[ISBN=978-6-2, name=MySQL数据库技术, price=52.0, author=李梅]
```

图 8-4　运行结果

8.4 Set 接口

Set 接口类型的对象是一种不包含重复数据的 Collection 接口对象。更确切地讲，Set 集合不包含满足 e1.equals(e2) 的对象对 e1 和 e2，并且最多包含一个 null 对象。正如其名称所示，此接口模仿了数学上的集合。

8.4.1　Set 接口简介

如图 8-1 所示，Set 接口是 Collection 接口的另外一个常用的子接口。以 Set 接口为根接口的 Set 集合具有以下特点，Set 集合中的对象是无序的，即对象的添加顺序和访问顺序不是一致的。Set 集合中的对象并不按特定的方式排序，并且都会以某种规则保证存入的对象不出现重复。也就是说，Set 集合中存放的数据是唯一的、无序的。Set 集合与 List 集合存取对象的方式类似，可查阅 Java API 文档获取。

微课 8-4

Set 集合的基本使用

Set 接口主要有两个实现类，分别是 HashSet 和 TreeSet。其中，HashSet 根据对象的哈希值来确定对象在集合中的存储位置，因此具有良好的存取和查找性能。接下来将对 HashSet 进行详细的讲解。

8.4.2　HashSet 集合

HashSet 是 Set 接口的一个实现类，它所存储的对象是不重复的，并且都是无序的。当向 HashSet 集合中添加一个对象时，首先会调用该对象的 hashCode()方法来确定对象的存储位置。必要时再调用对象的 equals()方法来确定该位置没有重复对象。接下来通过一个例题来演示 HashSet 集合的用法。

【例 8-6】一个 HashSet 集合中存放着一些水果的英文单词，请遍历输出集合的内容。

【例题分析】

水果的英文单词使用的数据类型为 String，String 类已经重写了 equals()方法和 hashCode()方法，为此可以使用 HashSet 集合存放这些水果的英文单词。

因为 Set 集合是无序的，它不同于 List 集合，不可以使用索引来遍历，所以对于 Set 集合的访问可以使用迭代器 Iterator 进行或者通过 foreach 循环进行。

【程序实现】

```
import java.util.HashSet;
import java.util.Set;
public class Example8_6 {
    public static void main(String[] args) {
        Set<String> set = new HashSet<String>(); // 使用泛型约束集合中的对象类型
        set.add("Banana");
        set.add("Apple");
        set.add("Orange");
        set.add("Apple");   // 重复的对象添加失败
        for (String st : set)  // 遍历到的对象顺序与添加顺序不一致
            System.out.println(st);
    }
}
```

【运行结果】

```
Apple
Orange
Banana
```

通过上面的程序可以发现，遍历取出对象的顺序与添加对象的顺序并不一致。另外，HashSet集合中不添加重复对象，因此第二次添加“Apple”失败了。

那么，HashSet 集合是如何做到不添加重复对象的呢？当调用 HashSet 集合的 add()方法添加对象时，首先调用当前存入对象的 hashCode()方法获得该对象的哈希值，其次根据对象的哈希值计算出一个存储位置。如果该位置上没有对象，则直接将对象存入。如果该位置上有对象，则会调用 equals()方法，对当前存入的对象和该位置上的对象进行比较。如果返回的结果为 false，则再次计算其哈希地址将该对象存入集合；如果返回的结果为 true，说明有重复对象，则将该对象舍弃。在 HashSet 集合中存储对象的流程如图 8-5 所示。

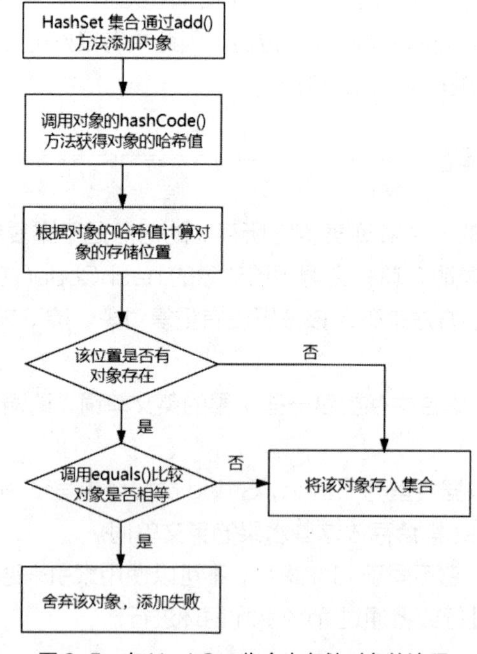

图 8-5　在 HashSet 集合中存储对象的流程

通过上面的分析可以看出，当向集合中存入对象时，为了保证 HashSet 集合正常工作，要求对象所属的类必须重写 hashCode()方法和 equals()方法，特别是在添加自定义类的对象时，一定要保证自定义类重写了 hashCode()方法和 equals()方法。

说明 HashSet 有一个子类——LinkedHashSet。它具有 set 集合不重复的特点，但同时具有可预测的迭代顺序，也就是插入的顺序。

【案例 8-2】 抽取中奖号码

在某商品促销活动现场，主持人为活跃现场气氛，将从现场的 100 名观众中随机抽取 10 名幸运观众，送出纪念礼品。每位观众手持一张号码牌，号码牌上带有一个 1~100 的数字。请编写程序抽取 10 个中奖号码。

【案例分析】

要从 100 个号码牌中选取 10 个不重复的号码作为中奖号码，可以采用产生随机数的方式得到 10 个 1~100 的随机数作为 10 个中奖号码，然后用一个容器来存放这部分号码。因为往容器中添加号码时要避免重复，而上面介绍的 HashSet 集合可以实现高效的数据查找，避免重复数据的添加，所以使用 HasSet 集合保存中奖号码。

【程序实现】

```
import java.util.ArrayList;
import java.util.Collections;
import java.util.HashSet;
import java.util.List;
import java.util.Random;
public class GenerateNumber {
    public static void main(String[] args) {
        Random random = new Random();
        HashSet<Integer> luckyViewers = new HashSet<Integer>();
        while (luckyViewers.size() < 10) {
            int number = random.nextInt(100) + 1;
            luckyViewers.add(number);
        }
        List<Integer> ll = new ArrayList<Integer>(luckyViewers);
        Collections.sort(ll);
        System.out.println("中奖号码是: " + ll);
    }
}
```

【运行结果】

```
中奖号码是: [3, 5, 11, 15, 43, 48, 56, 77, 88, 92]
```

上述程序使用 HashSet 集合保存中奖号码，高速、简洁地实现了题目要求。使用 ArrayList 集合也可以实现上述功能，请读者自行编写，并与上面的程序进行对比，体会 List 集合与 Set 集合的特点及适用场合。

8.5 Map 接口

如图 8-1 所示，Map 集合是与 Collection 集合相对的另外一个集合体系。Map 集合对象提供键到值的映射，一个映射不能包含重复的键，每个键最多只能映射到一个值。

Map 集合的基本使用

8.5.1 Map 接口简介

Map 集合是一种双列集合，Map 集合中存放的每个对象都包含一对“键（key）-值（value）”（简称 key-value 对），提供 key 到 value 的映射。Map 集合中的 key 不要求有序，不允许重复。访问 Map 集合中的对象时，只需要指定 key，就能找到对应的 value。从图 8-1 可以看出，Map 接口是 Map 集合的根接口。表 8-4 列出了 Map 接口常用的方法。

表 8-4 Map 接口常用的方法

方法	功能说明
void put(Object key, Object value)	将相互关联的一个 key-value 对放入集合。如果此映射已包含 key 的映射关系，则用 value 替换旧值
boolean containsKey(Object key)	如果此映射包含指定 key 的映射关系，则返回 true
boolean containsValue(Object value)	如果此映射将一个或多个 key 映射到指定 value，则返回 true
Set<K> keySet()	返回此映射中包含的 key 的 Set 视图
Collection<V> values()	返回映射中包含的 values 的 Collection 视图
Set<Map.Entry<K,V>> entrySet()	返回此映射中包含的映射关系的 Set 视图
V remove(Object key)	如果存在一个 key 的映射关系，则将其从此映射中移除
V get(Object key)	返回指定 key 所映射的 value；如果此映射不包含该 key 的映射关系，则返回 null
int size()	返回此映射中的 key-value 对数

使用这些方法可以方便地对 Map 集合中的数据进行增、删、改、查等操作。

Map 接口提供了大量的实现类，典型的有 HashMap 和 HashTable 等。HashMap 的子类有 LinkedHashMap，HashTable 的子类有 Properties 等。

8.5.2 HashMap 集合

HashMap 集合是 Map 接口的一个实现类，它用于存储 key-value 对的映射关系，其优点是查询指定对象的效率高。接下来，通过一个例题来介绍 HashMap 的基本使用方法。

【例 8-7】使用 HashMap 集合存放某班学生的名单，并遍历、输出其内容。

【例题分析】

HashMap 集合中存放的是 key-value 对的映射关系，Map 要求 key 不能重复，为此设置学号作为 key、姓名作为 value。

【程序实现】

```
import java.util.HashMap;
import java.util.Iterator;
import java.util.Map;
import java.util.Set;
public class Example8_7 {
    public static void main(String[] args) {
        Map<String, String> map = new HashMap<String, String>();
        map.put("101", "张三丰");
        map.put("102", "郭靖");
        map.put("103", "黄蓉");
        System.out.print("调用HashMap的toString()方法输出: ");
        System.out.println(map);
        map.put("102", "杨康");
        System.out.println("再次添加后使用keySet()和get()方法来访问: ");
        Set<String> keySet = map.keySet();
        Iterator<String> it = keySet.iterator();
        while(it.hasNext()) {
            String key = it.next();
            String value=map.get(key);
            System.out.println(key+":"+value);
        }
    }
}
```

【运行结果】

```
调用HashMap的toString()方法输出: {101=张三丰, 102=郭靖, 103=黄蓉}
再次添加后使用keySet()和get()方法来访问:
101:张三丰
102:杨康
103:黄蓉
```

从运行结果可以看出，使用 Map 接口时也可以使用泛型进行类型的约束，使用 Map 接口的 put()方法可以向集合中添加对象。如果原来存在 key 的映射关系，再次添加后会用新的 value 替换旧的。

在遍历、输出各元素时，首先使用 HashMap 的 toString()方法进行输出，但这种访问方式不方便对每一个 key-value 对进行操作；然后使用 keySet()获取所有的 key 的集合，通过迭代器或者 foreach 循环遍历 Set 集合的每一个对象，即 HashMap 中的每一个 key；最后通过 Map 接口的 get()方法，根据 key 获取对应的 value。另外，例题中的 Map 对象也可以通过下面的方式遍历。

```
Set<Entry<String, String>> entrySet = map.entrySet();
Iterator<Entry<String, String>> it = entrySet.iterator();
while(it.hasNext()) {
    Entry<String, String> entry = it.next();
    String key = entry.getKey();
    String value = entry.getValue();
    System.out.println(key+":"+value);
}
```

上面的代码展示的是另外一种遍历 Map 集合的方式，首先调用 map 对象的 entrySet()方法获得存储在 Map 接口中所有 key-value 对的 Set 集合。这个集合中存放了 Map.Entry 类型（Entry 是 Map 内部接口）的对象，每个 Map.Entry 对象代表 Map 中的一个 key-value 对，然后迭代访问该 Set 集合，获得每一个 key-value 对，并调用 Entry 对象的 getKey()和 getValue()方法获取映射中的 key 和 value。

【案例 8-3】 英文词频统计

词频（Term Frequency，TF）指的是某一个给定的词语在文件中出现的次数，请编写程序统计一段英文文章中每个单词的词频。

微课 8-6
英文词频统计

【案例分析】

首先，需要对要统计的英文文章进行单词分割，这个功能可以借助 Java 的正则表达式实现。所有的单词由单词字符构成，个别的带有缩写或者名词所有格，因此定义单词的正则表达式为“\\w+ (‘\\w+)?”，然后借用 Matcher 类的 group()方法获取文章中的每一个单词。将文章拆分成单词后需要统计每个单词出现的次数，为此可以让单词作为 key，让其出现的次数作为 value，借助 HashMap 集合实现词频统计。

【程序实现】

```
import java.util.HashMap;
import java.util.Iterator;
import java.util.Map;
import java.util.Set;
import java.util.regex.Matcher;
import java.util.regex.Pattern;
public class FrequencyCount {
    public static void main(String[] args) {
        Map<String, Integer> map = new HashMap<String, Integer>();
        String message = "Youth is not a time of life,it's a state of mind.";
        // 1. 原文解析，使用正则表达式表示
        Pattern p = Pattern.compile("\\w+('\\w+)?");
        Matcher m = p.matcher(message);
        // 2. 词频统计
        while (m.find()) {
            String temp = m.group();// 获取文章中的每一个单词
            if (map.containsKey(temp)) {
                map.put(temp, map.get(temp) + 1);
            } else
                map.put(temp, new Integer(1));
        }
        // 3. 统计结果输出
        Set<String> set = map.keySet();
        Iterator<String> iterator = set.iterator();
        while (iterator.hasNext()) {
            String string = iterator.next();
            System.out.println(map.get(string) + "  :  " + string);
        }
    }
}
```

【运行结果】

```
2 : a
1 : mind
1 : not
2 : of
1 : Youth
2 : is
1 : time
1 : it
1 : state
1 : life
```

上述程序为了简化操作，使用了一段给定的英文文章，在拆分字符串时使用了正则表达式“\\w+('\\w+)?”。若要实现文章的词频统计，可以使用 Java 的文件读写实现读取文章内容，然后借助正则表达式进行拆分，最后使用 Map 集合统计词频即可。

8.6 Collections 类

Collections 类是 Java 提供的一个集合操作工具类。它包含大量的静态方法，用于实现对集合对象的排序、查找和替换等操作。其中，排序是对集合进行的常见操作。Collections 类提供了如下两个静态方法进行集合对象的排序。

1. public static void sort(List<T> list)排序方法

public static void sort(List<T> list) 排序方法根据对象的自然顺序对指定列表按升序进行排序，参数 list 是要排序的列表。使用此方法的前提是，列表中的所有对象所属类都必须实现 Comparable 接口，列表中的所有对象都必须是可相互比较的（也就是说，对于列表中的任何 e1 和 e2 对象，e1.compareTo(e2) 不得抛出 ClassCastException）。该排序方法是一个经过修改的合并排序方法，具有稳定性。

2. public static void sort(List<T> list,Comparator c) 排序方法

public static void sort(List<T> list,Comparator c) 排序方法根据指定比较器产生的顺序对指定列表进行排序，参数 list 是要排序的列表，c 是确定列表顺序的比较器。使用此方法的前提是，列表中的所有对象都必须可使用指定比较器相互比较（也就是说，对于列表中的任意 e1 和 e2 对象，c.compare(e1, e2) 不得抛出 ClassCastException）。此排序方法是经过修改的合并排序方法，可提供稳定排序。

为了使用上述两个方法，必须让列表中的对象的所属类去实现 Comparable 接口，或者自定义类实现 Comparator 接口，来定义比较器。下面将分别介绍 Comparable 接口和 Comparator 接口。

8.6.1 Comparable 接口

Comparable 接口可强行对实现它的每个类的对象进行整体排序，这种排序称为类的自然排序。实现此接口的对象列表（或数组）可以通过 Collections.sort()和 Arrays.sort()进行自动排序。

Java.lang.Comparable 接口中只包含一个 compareTo()方法，其语法格式如下：

```
public int compareTo(T o)
```

compareTo()方法用于比较此对象与指定对象 o（T 表示 o 的类型）的顺序，如果该对象小于、等于或大于指定对象，则分别返回负整数、零或正整数。

微课 8-7
Collections.sort (ListT list) 方法的应用

下面通过两个例题介绍通过 Collections.sort()使用 Comparable 接口实现集合对象排序的方法。

【例 8-8】一个 List 集合中存放着一些水果的英文单词，请按字母顺序对其进行排序，并遍历、输出。

【例题分析】

水果单词在程序中使用 String 类进行表示。因为 String 类中已经重写了 public int compareTo(String anotherString)方法，将按字典顺序比较两个字符串，所以可以直接使用 Collections.sort(List<T> list)对 List 集合进行排序。

【程序实现】

```
import java.util.ArrayList;
import java.util.Collections;
import java.util.List;
public class Example8_8 {
    public static void main(String[] args) {
        List<String> list = new ArrayList<String>();
        list.add("Banana");
        list.add("Apple");
        list.add("Orange");
        System.out.println("排序前: "+list);
        Collections.sort(list);//对 List 集合进行排序
        System.out.println("排序后: "+list);
    }
}
```

【运行结果】

```
排序前: [Banana, Apple, Orange]
排序后: [Apple, Banana, Orange]
```

从运行结果可以看出，使用 Collections.sort()方法实现了对 List 集合中的对象的自然排序。

上面例题展示的是对 List 集合中的对象进行排序，如果使用 Set 集合存放数据，那么该如何对其中的对象进行排序呢？下面通过例题进行介绍。

【例 8-9】一个 Set 集合中存放着一些水果的英文单词，请按字母升序遍历、输出所有的英文单词。

【例题分析】

Collections.sort(List<T> list)用于对 List 集合进行排序，因此首先需要将 Set 集合转换为 List 集合。借助 ArrayList 的构造方法可以将 Set 集合转换为 List 集合。

【程序实现】

```
import java.util.ArrayList;
import java.util.Collections;
```

```
import java.util.HashSet;
import java.util.List;
import java.util.Set;
public class Example8_9 {
    public static void main(String[] args) {
        Set<String> set = new HashSet<String>();
        set.add("Banana");
        set.add("Apple");
        set.add("Orange");
        System.out.println("排序前: "+set);
        List<String> list = new ArrayList<String>(set);//将 Set 集合转换为 List 集合
        Collections.sort(list); //对转换后的 list 进行排序
        System.out.println("排序后: "+list);
    }
}
```

【运行结果】

```
排序前: [Apple, Orange, Banana]
排序后: [Apple, Banana, Orange]
```

上面例题展示的 List 集合中存放的为 String 对象，如果是用户自定义对象，对象中包含多个属性值，该如何使用 Collections.sort()依据存放对象的某一属性值进行排序呢？下面通过例 8-10 进行详细介绍。

【例 8-10】 List 集合中存放着某班的 Java 程序设计考试成绩，请对该班的 Java 程序设计考试成绩升序排列并输出。

【例题分析】

使用面向对象的程序设计思想，首先抽象封装 Student 类，定义学号、姓名、成绩这 3 个属性，并封装适当的方法。将该班的所有学生对象存入 List 集合后，为了使用 Collections.sort()方法对其排序，需要让 Student 类实现 Comparable 接口，并重写 compareTo()方法，制定排序规则（升序或者降序）和排序属性。

【程序实现】

封装 Student 类，并实现 Comparable 接口：

```
public class Student implements Comparable<Student> {
    private String num, name;
    private double score;
    …//标准的构造方法、getter()方法、setter()方法，以及 toString()方法
    public int compareTo(Student o) {//按成绩升序排列
        if (this.getScore() - o.getScore() > 0)
            return 1;
        else if (this.getScore() - o.getScore() < 0)
            return -1;
        else
            return 0;
    }
}
```

功能测试类：

```
import java.util.ArrayList;
```

```
import java.util.Collections;
import java.util.List;
public class Example8_10 {
    public static void main(String[] args) {
        List<Student> list = new ArrayList<Student>();
        list.add(new Student("101", "张三丰", 92));
        list.add(new Student("105", "郭靖", 95));
        list.add(new Student("103", "杨康", 85));
        list.add(new Student("102", "黄蓉", 90));
        System.out.println("按成绩升序排序前：");
        for(Student s:list) {
            System.out.println(s);
        }
        Collections.sort(list);
        System.out.println("按成绩升序排序后：");
        for(Student s:list) {
            System.out.println(s);
        }
    }
}
```

【运行结果】

```
按成绩升序排序前:
Student [num=101, name=张三丰, score=92.0]
Student [num=105, name=郭靖, score=95.0]
Student [num=103, name=杨康, score=85.0]
Student [num=102, name=黄蓉, score=90.0]
按成绩升序排序后:
Student [num=103, name=杨康, score=85.0]
Student [num=102, name=黄蓉, score=90.0]
Student [num=101, name=张三丰, score=92.0]
Student [num=105, name=郭靖, score=95.0]
```

例 8-10 展示了自定义类实现 Comparable 接口，重写 compareTo()方法，然后借助 Colloections.sort()方法对 List 集合进行排序的过程。上面的程序是按成绩升序排列的，如果是按成绩降序排列的，只需要将 Student 类中重写的 compareTo()方法改写为：

```
public int compareTo(Student o) {//按成绩降序排列
    if (this.getScore() - o.getScore() > 0)
        return -1;
    else if (this.getScore() - o.getScore() < 0)
        return 1;
    else
        return 0;
    }
}
```

上面介绍的对集合进行排序，要么是对已经实现了 Comparable 接口的 API 类对象进行自然排序，要么是自定义类实现 Comparable 接口按照某一属性值进行排序。如果要对例 8-9 集合中的 String 对象进行降序排序，或者要增加按例 8-10 中 Student 类的学号属性进行升序排序，那么利用上述方法将无法实现。而这可以通过自定义比较器来解决，下面将详细介绍使用自定义比较器来对集合中的对象进行排序的方法。

8.6.2 Comparator 接口

Comparator 接口用来自定义比较器，其作用和 Comparable 接口类似，也是使用 Collections.sort() 和 Arrays.sort()来进行排序。其与 Comparable 接口的区别如下。

微课 8-8

Collections.sort(ListT list,Comparator c)方法的应用

（1）Comparator 接口位于包 java.util 下，而 Comparable 接口位于包 java.lang 下。

（2）Comparable 接口将比较代码嵌入需要进行比较的类的自身代码中，而 Comparator 接口在一个独立的类中实现比较。

（3）如果前期类的设计没有考虑到类的对象的比较问题，而没有实现 Comparable 接口，后期可以通过 Comparator 接口实现比较算法来进行排序，并且为使用不同的排序规则（如升序、降序）做准备。

实现 Comparator 接口自定义排序规则时，需要重写接口中的 compare()方法，该方法的语法格式如下：

```
public int compare(Object o1, Object o2) //返回一个整型值
```

（1）如果要按照某一属性进行升序排序，则当 o1 的属性值大于 o2 的属性值时，返回 1（正数），相等则返回 0，小于则返回-1（负数）。

（2）如果要按照某一属性值降序排序，则当 o1 的属性值大于 o2 的属性值时，返回-1（负数），相等则返回 0，小于则返回 1（正数）。

下面通过例 8-11 进行详细介绍。

【例 8-11】 一个 List 集合中存放着一些水果的英文单词，请按字母顺序的相反顺序排列并输出。

【例题分析】

水果单词在程序中使用 String 类进行表示。因为 String 类中已经重写了 public int compareTo (String anotherString)方法，如果直接使用 Collections.sort(List<T> list)对 List 集合进行排序，会按字典顺序排序。因此，需要自定义比较器实现单词的降序排列。

【程序实现】

```
import java.util.ArrayList;
import java.util.Collections;
import java.util.Comparator;
import java.util.List;
public class Example8_11 {
    public static void main(String[] args) {
        List<String> list = new ArrayList<String>();
        list.add("Banana");
        list.add("Apple");
        list.add("Orange");
        System.out.println("排序前: " + list);
        Collections.sort(list, new Comparator<String>() {//自定义比较器
            public int compare(String o1, String o2) {
                if (o1.compareTo(o2) > 0)
```

```
                return -1;
            else if (o1.compareTo(o2) < 0)
                return 1;
            else
                return 0;
        }
    });
    System.out.println("排序后: " + list);
  }
}
```

【运行结果】

```
排序前: [Banana, Apple, Orange]
排序后: [Orange, Banana, Apple]
```

上面重写的 compare()方法也可以写为：

```
public int compare(String o1, String o2) {
    return o2.compareTo(o1);
}
```

在实际应用中，有时需要对集合中的对象的多个属性值分别排序，下面通过例 8-12 进行详细介绍。

【例 8-12】 List 集合中存放着某班的 Java 程序设计考试成绩，请对该班的 Java 程序设计考试成绩进行降序排列并输出，然后按学号升序排列并输出。

【例题分析】

使用面向对象的程序设计思想，首先抽象封装 Student 类，定义学号、姓名、成绩这 3 个属性，并封装适当的方法。为了实现对集合中同一对象的两个属性值的两种排序，需要通过自定义比较器实现。

【程序实现】

封装 Student 类：

```
public class Student {
    private String num, name;
    private double score;
    …//标准的构造方法、getter()方法、setter()方法，以及 toString()方法
}
```

按成绩降序排列的比较器类：

```
import java.util.Comparator;
public class ScoreDescOrder implements Comparator<Student> {
    public int compare(Student o1, Student o2) {
        if (o1.getScore() > o2.getScore())
            return -1;
        else if (o1.getScore() < o2.getScore())
            return 1;
        else
            return 0;
    }
}
```

学号升序排列的比较器类：

```
import java.util.Comparator;
public class SnoAscOrder implements Comparator<Student> {
    public int compare(Student o1, Student o2) {
        if (o1.getNum().compareTo(o2.getNum()) > 0)
            return 1;
        else if (o1.getNum().compareTo(o2.getNum()) < 0)
            return -1;
        else
            return 0;
    }
}
```

功能测试类：

```
import java.util.ArrayList;
import java.util.Collections;
import java.util.List;
public class Example8_12 {
    public static void main(String[] args) {
        List<Student> list = new ArrayList<Student>();
        list.add(new Student("101", "张三丰", 92));
        list.add(new Student("105", "郭靖", 95));
        list.add(new Student("103", "杨康", 85));
        list.add(new Student("102", "黄蓉", 90));
        System.out.println("排序前：");
        for (Student s : list) {
            System.out.println(s);
        }
        Collections.sort(list, new ScoreDescOrder());
        System.out.println("按成绩降序排序后：");
        for (Student s : list) {
            System.out.println(s);
        }
        Collections.sort(list, new SnoAscOrder());
        System.out.println("按学号升序排序后：");
        for (Student s : list) {
            System.out.println(s);
        }
    }
}
```

【运行结果】

```
排序前：
Student [num=101, name=张三丰, score=92.0]
Student [num=105, name=郭靖, score=95.0]
Student [num=103, name=杨康, score=85.0]
Student [num=102, name=黄蓉, score=90.0]
按成绩降序排序后：
Student [num=105, name=郭靖, score=95.0]
Student [num=101, name=张三丰, score=92.0]
Student [num=102, name=黄蓉, score=90.0]
Student [num=103, name=杨康, score=85.0]
```

```
按学号升序排序后:
Student [num=101, name=张三丰, score=92.0]
Student [num=102, name=黄蓉, score=90.0]
Student [num=103, name=杨康, score=85.0]
Student [num=105, name=郭靖, score=95.0]
```

上面的 SnoAscOrder 类中重写的 compare()方法也可以写为：

```
public int compare(Student o1, Student o2) {
    return o1.getNum().compareTo(o2.getNum());
}
```

【案例 8-4】 英文词频统计升级版

英文词频统计功能在案例 8-3 中已经实现，本案例将统计结果按照词频从高到低输出。

【案例分析】

依据案例 8-3，对要统计的英语文章进行单词分割，然后让单词作为 key，让出现的次数作为 value，借助 HashMap 集合实现词频统计。为了实现频率从高到低的排序，需要将 HashMap 集合转换为 List 集合，因此可使用 HashMap 集合的 entrySet()方法获取其 Set 集合形式，然后转换为 List 集合。自定义比较规则后，即可调用 Collections.sort()进行排序。

【程序实现】

```
import java.util.ArrayList;
import java.util.Collections;
import java.util.Comparator;
import java.util.HashMap;
import java.util.List;
import java.util.Map;
import java.util.Map.Entry;
import java.util.regex.Matcher;
import java.util.regex.Pattern;
import java.util.Set;
public class FrequencyCount2 {
    public static void main(String[] args) {
        Map<String, Integer> map = new HashMap<String, Integer>();
        String message = "Youth is not a time of life,it's a state of mind.";
        // 1. 原文解析，使用正则表达式
        Pattern p = Pattern.compile("\\w+('\\w+)?");
        Matcher m = p.matcher(message);
        // 2. 词频统计
        while (m.find()) {
            String temp = m.group();// 获取文章中的一个单词
            if (map.containsKey(temp)) {
                map.put(temp, map.get(temp) + 1);
            } else
                map.put(temp, new Integer(1));
        }
        // 3. 按照词频降序排序
        Set<Entry<String, Integer>> mset = map.entrySet();
```

```
        List<Entry<String, Integer>> list = new ArrayList<Entry<String, Integer>>
(mset);
        Collections.sort(list, new FrequencyCountCom());
        // 4. 统计结果输出
        for (Entry<String, Integer> e : list) {
            System.out.println(e.getValue() + " : " + e.getKey());
        }
    }
}
class FrequencyCountCom implements Comparator<Entry<String, Integer>> {
    public int compare(Entry<String, Integer> o1, Entry<String, Integer> o2) {
        return o2.getValue() - o1.getValue();
    }
}
```

【运行结果】

```
2 : a
2 : of
2 : is
1 : mind
1 : not
1 : Youth
1 : time
1 : it
1 : state
1 : life
```

模块小结

本模块主要介绍了 Java 集合框架中常用的接口及类。学习本模块后，读者应该掌握图 8-6 所示的内容：了解 Collection 接口及其子接口 List、Set 的特点，掌握其简单应用；掌握保存 key-value 对的 Map 集合的特点及其简单应用；掌握 Collections 类对集合常用的操作；掌握集合中泛型的应用。

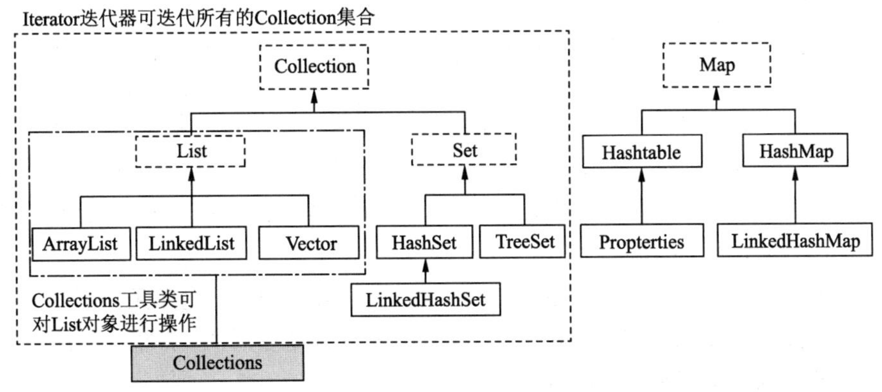

图 8-6　集合框架知识点

自我检测

一、选择题

1. List 接口的特点是下列哪一项?（　　）
   A. 不允许重复对象，对象有顺序
   B. 不允许重复对象，对象无顺序
   C. 允许重复对象，对象有顺序
   D. 允许重复对象，对象无顺序
2. 下面程序执行后的输出是哪一项?（　　）

```
public  class  Demo{
  public  static void main (String[]  args){
      List al=new ArrayList();
      al. add("1");
      al. add("2");
      al. add("2");
      al. add("3");
      System.out.println (al);
   }
}
```

   A. [1,2,3]　　B. [1,2,3,3]　　C. [1,2,2,3]　　D. [2,1,3,2]
3. 下列哪项是泛型的优点?（　　）
   A. 不用向上强制类型转换　　B. 代码容易编写
   C. 类型安全　　D. 运行速度快
4. 创建一个只能存放 String 对象的 ArrayList 的语句是下列哪一项?（　　）
   A. ArrayList<int> al=new ArrayList<int>();
   B. ArrayList<String> al=new ArrayList<String>();
   C. ArrayList al=new ArrayList<String>();
   D. ArrayList<String> al =new List<String>();
5. 下面代码的运行结果是（　　）。

```
ArrayList<String> al = new ArrayList<String>();
al.add(true);
al.add(123);
al.add("abc");
System.out.println(al);
```

   A. 编译失败　　B. [true,123]　　C. [true,123,abc]　　D. [abc];
6. Set 接口的特点是下列哪项?（　　）
   A. 不允许重复对象，对象有顺序　　B. 允许重复对象，对象无顺序
   C. 允许重复对象，对象有顺序　　D. 不允许重复对象，对象无顺序
7. 实现了 Set 接口的类是下列哪项?（　　）
   A. ArrayList　　B. HashTable　　C. HashSet　　D. Collection

8. 以下代码的执行结果是（　　）。

```
Set<String> s=new HashSet<String>();
s.add("abc");
s.add("abc");
s.add("abcd");
s.add("ABC");
System.out.println(s.size());
```

A. 1　　B. 2　　C. 3　　D. 4

9. 下面程序的运行结果是（　　）。

```
import java.util.*;
public class TestListSet{
public static void main(String args[]){
List list = new ArrayList();
list.add("Hello");
list.add("Learn");
list.add("Hello");
list.add("Welcome");
Set set = new HashSet();
set.addAll(list);
System.out.println(set.size());
}
}
```

A. 编译不通过　　B. 编译通过，运行时异常
C. 编译、运行都正常，输出 3　　D. 编译、运行都正常，输出 4

10. 表示 key-value 对概念的接口是下列哪项？（　　）

A. Set　　B. List　　C. Collection　　D. Map

二、程序填空题

```
import java.util.ArrayList;
import java.util.Collections;
import java.util.List;
public class CollectionsDemo {
  public static void main(String[] args) {
          List<String> list = new ArrayList<String>(); //创建集合
          list.add("this"); //增加 10 个不同单词
          list.add("is");
          list.add("collection");
          list.add("test");
          list.add("and");
          list.add("we");
          list.add("can");
          list.add("learn");
          list.add("how");
          list.add("to");
          //1. 获取集合中的最大值和最小值
          String strMax =____________________(1)
          String strMin = ____________________(2)
          System.out.println("最大值: " + strMax);
```

```
            System.out.println("最小值: " + strMin);
            //按升序输出集合中的所有对象
            System.out.println("集合升序");
            //TODO:2. 对集合进行升序排序
            ____________________(3)
            for(String st:list) {
                   System.out.println(st);
            }

            System.out.println("集合降序");
            //TODO: 3. 对集合进行降序排序
            ____________________(4)
            ____________________
            ____________________
            ____________________
            for(String st:list) {
                   System.out.println(st);
            }
        }
    }
```

三、简答题

1. 简述 List、Set、Map 集合三者的区别。
2. HashSet 在添加对象时如何检查重复?
3. Collection 和 Collections 有什么区别?
4. 某集合数据为("Banana","Lemon","Apple","Apple","Pear","Orange")，请删除集合中所有的“Apple”。
5. 编写程序，生成 10 个 1~100 的不重复随机数。
6. 编写程序，生成 100 个 0~9 的随机数，统计每个随机数产生的次数，并按照产生次数进行降序输出。

自我评价

<table>
<tr><td>技能目标</td><td colspan="4">学会选用适当的集合框架提高软件开发效率，具体掌握 Collection 接口的特点及其应用、Map 接口的特点及其应用、Collections 类的应用、集合中泛型的应用</td></tr>
<tr><td rowspan="2">程序员综合素养自我评价</td><td>需求分析能力</td><td>编码规范化</td><td>软件测试能力</td><td>团队协作能力</td></tr>
<tr><td></td><td></td><td></td><td></td></tr>
</table>

模块9 综合案例——学生成绩管理系统

学习目标（含素养要点）：

- 使用面向对象程序设计的方法解决实际问题（创新思维）。
- 掌握程序设计的一般流程（团队意识）。
- 掌握集合类的应用。

本模块综合运用前文所介绍的面向对象的基础知识来实现一个学生成绩管理系统。

9.1 需求分析

在学校的各类数据业务中，有关学生的各种数据随着入学人数的增加成倍增加。其中学生各科目考试成绩的统计分析工作也越来越困难，因此有必要引入学生成绩管理系统。这样可以为学生成绩管理提供一种更加高效、实用的管理手段，为学生成绩信息的计算、统计、分析、交流提供一个更加安全、快捷的信息平台，并且在减少大量人工操作的同时，避免因为人工操作而引起的失误，保证学生成绩数据的安全性和完整性。

微课 9-1

综合案例 学生成绩管理系统

综上所述，开发学生成绩管理系统是实现学生成绩信息管理自动化、规范化的必经之路。

9.2 功能模块分析

本案例设计的学生成绩管理系统的功能如下。

（1）添加学生信息。

（2）修改学生信息。

（3）删除学生信息。

（4）查看所有学生的信息。

（5）对学生按照学号或者某科成绩进行分析操作，如排序等。

学生成绩管理系统功能模块如图 9-1 所示。

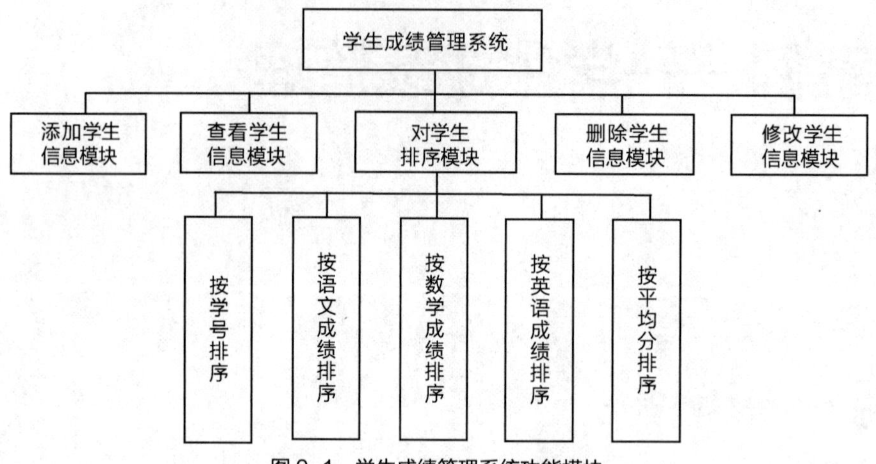

图 9-1　学生成绩管理系统功能模块

9.3 学生类的设计与实现

针对业务需求，设计学生信息，包括学号、姓名、性别，以及语文、数学、英语三门学科的成绩（在此以三门学科的成绩为例）。因此，定义的学生类的属性包括学号、姓名、性别、三门学科成绩，同时定义构造方法以及属性对应的 setter()、getter()方法。为了将来方便地输出学生信息，在此重写 toString()方法。

```
public class Student  {
    private String id;
    private String name;
    private String gender;
    private int chinese;
    private int math;
    private int english;
    private int average;
      … //属性对应的 setter()、getter()方法
    public int getAverage() {  //获取平均分
        return average;
    }
    public void setAverage() {//计算平均分
        this.average =(math+chinese+ english)/3;
    }
    public Student(String id, String name, String gender, int chinese,int math,
            int english) {
        this.id = id;
        this.name = name;
        this.gender = gender;
        this.math = math;
        this.chinese = chinese;
        this.english= english;
    }
```

```
    @Override
    public String toString() {
        return id + "\t" + name + "\t"+ gender + "\t" + chinese + "\t"
            + math + "\t" + english + "\t"+ average;
    }
}
```

9.4 添加学生信息模块

添加学生信息时，首先输入学生学号，然后判断该学号有没有被人占用，如果被占用，则返回主界面，让用户重新选择执行的操作；如果没有被占用，则继续输入学生姓名、性别、三门学科成绩。然后创建学生对象，将输入的数据存入该对象。最后将学生对象加入集合，并提示“添加学生成功!”。

微课 9-2

添加学生信息模块

添加完一个学生的信息后，可选择继续添加还是回到主界面执行其他操作。

```
// 添加学生信息
public static void addStudent(ArrayList<Student> array) {
    String c = "";
    Scanner sc = new Scanner(System.in);
    // 为了让代码能够回到这里，用循环
    do {
        // 定义标记（flag）表示学号是否被占用
        boolean flag = false;
        System.out.println("请输入学生学号：");
        String num = sc.next();
        // 判断学号有没有被人占用
        Iterator<Student> i = array.iterator();
        while (i.hasNext()) {
            Student s = i.next();
            // 获取该学生的学号，和输入的学号进行比较
            if (s.getId().equals(num)) {
                flag = true; // 说明学号被占用了
                break;
            }
        }
        if (flag) {
            System.out.println("您输入的学号已经被占用，请重新输入！");
            return;
        } else {
            System.out.println("请输入学生姓名：");
            String name = sc.next();
            System.out.println("请输入学生性别：");
            String gender = sc.next();
            System.out.println("请输入学生语文成绩：");
            int chinese = sc.nextInt();
            System.out.println("请输入学生数学成绩：");
            int math = sc.nextInt();
            System.out.println("请输入学生英语成绩：");
            int english = sc.nextInt();
```

```
            // 创建学生对象
            Student s = new Student(num, name, gender, chinese, math,
                    english);
            s.setAverage();
            // 把学生对象作为元素添加到集合中
            array.add(s);
            // 给出提示信息
            System.out.println("添加学生成功!");
        }
        System.out.println("如果要继续添加学生信息请输入b，如果要退出请输入q");
        c = sc.next();
    } while (c.equals("b"));
}
```

9.5 查看学生信息模块

查看学生信息时，可输出所有学生的各项信息，输出时首先判断集合中是否有数据。如果没有数据，则提示“不好意思，目前还没有学生信息，请先添加学生信息!”，然后返回主界面，让用户重新选择执行的操作。如果有数据，则遍历集合并输出所有学生信息。

微课 9-3

查看学生信息模块

```
// 查看学生信息
public static void listAllStudent(ArrayList<Student> array) {
// 首先判断集合中是否有数据，如果没有数据，则给出提示信息
    if (array.size() == 0) {
        System.out.println("不好意思，目前还没有学生信息，请先添加学生信息! ");
        return;
    }
    // \t 表示按一次Tab键生成的空格
    System.out.println("学号\t姓名\t性别\t语文\t数学\t英语\t平均分");
    Iterator<Student> i = array.iterator();
    while (i.hasNext()) {
        Student s = i.next();
        System.out.println(s);
    }
}
```

9.6 修改学生信息模块

修改学生信息时，首先输入要修改信息的学生的学号，然后到集合中查找是否存在该学号。如果不存在，则返回主界面让用户重新选择执行的操作；如果存在，则显示对应学生的各项信息，然后输入该学生新的姓名、性别、三门学科成绩（学号不可修改），更新平均分，最后提示“修改学生成功”，并输出该学生各项新的信息。

微课 9-4

修改学生信息模块

```
// 修改学生信息
public static void updateStudent(ArrayList<Student> array) {
    Scanner sc = new Scanner(System.in);
    System.out.println("请输入你要修改信息的学生的学号: ");
```

```
    String id = sc.next();
    // 定义一个索引
    int index = -1;
    // 遍历集合
    for (int x = 0; x < array.size(); x++) {
        // 获取每一个学生对象
        Student s = array.get(x);
        if (s.getId().equals(id)) {
            index = x;
            break;
        }
    }
    if (index == -1) {
    System.out.println("不好意思，你要修改的学号对应的学生信息不存在，请重新选择！");
    return;
    }
    else {
        System.out.println("该学生信息如下：");
        Student s = array.get(index);
    System.out.println("学号\t 姓名\t 性别\t 语文成绩\t 数学成绩\t 英语成绩\t 平均成绩");
        System.out.println(s);
        System.out.println("请输入学生新姓名：");
        String name = sc.next();
        System.out.println("请输入学生新性别：");
        String gender = sc.next();
        System.out.println("请输入学生新语文成绩：");
        int chinese = sc.nextInt();
        System.out.println("请输入学生新数学成绩：");
        int math = sc.nextInt();
        System.out.println("请输入学生新英语成绩：");
        int english = sc.nextInt();
        s.setName(name);
        s.setGender(gender);
        s.setChinese(chinese);
        s.setMath(math);
        s.setEnglish(english);
        s.setAverage();
        System.out.println("修改学生成功");
        System.out.println("该学生信息如下：");
    System.out.println("学号\t 姓名\t 性别\t 语文成绩\t 数学成绩\t 英语成绩\t 平均成绩");
        System.out.println(s);
);
    }
}
```

9.7 删除学生信息模块

删除学生信息时，首先输入要删除信息的学生的学号，然后到集合中查找是否存在该学号。如果不存在，则返回主界面让用户重新选择执行的操作；如果存在，则从集合中删除对应学生，并提示“删除学生成功”。

```
// 删除学生信息
public static void deleteStudent(ArrayList<Student> array) {
    Scanner sc = new Scanner(System.in);
    System.out.println("请输入你要删除信息的学生的学号：");
    String id = sc.next();
    int index = -1;
    // 判断是否存在该学号对应的学生
    for (int x = 0; x < array.size(); x++) {
        // 获取每一个学生对象
        Student s = array.get(x);
        if (s.getId().equals(id)) {
            index = x;
            break;
        }
    }
    if (index == -1) {
System.out.println("不好意思，你要删除的学号对应的学生信息不存在，请重新选择！");
    return;
    } else {
        array.remove(index);
        System.out.println("删除学生成功");
    }
}
```

9.8 对学生排序模块

对学生排序时，可选择根据学号、语文成绩、数学成绩、英语成绩或平均分进行排序，选择后便可输出排好序的学生信息。选择一种排序方式后，可选择继续排序还是回到主界面执行其他操作。

排序可通过自定义比较器实现 Comparator 接口来实现。

（1）自定义比较器类

```
import java.util.Comparator;
//按学号升序排序
public class SortId implements Comparator<Student> {
    @Override
    public int compare(Student arg0, Student arg1) {
        if (arg0.getId().compareTo(arg1.getId()) > 0)
            return 1;
        else if (arg0.getId().compareTo(arg1.getId()) < 0)
            return -1;
        else
            return 0;
    }
}

import java.util.Comparator;
//按语文成绩降序排序
public class SortChinese implements Comparator<Student> {
```

```
    @Override
    public int compare(Student arg0, Student arg1) {
        if(arg0.getChinese()>arg1.getChinese())
            return -1;
        else if(arg0.getChinese()<arg1.getChinese())
            return 1;
        else
            return 0;
    }
}
```

用同样的方式定义按数学成绩降序排序的比较器 SortMath、按英语成绩降序排序的比较器 SortEnglish 和按平均分降序排序的比较器 SortAverage，此处不再详细介绍。

（2）对学生排序

```
// 对学生排序
public static void sortStudent(ArrayList<Student> array) {
    Scanner sc = new Scanner(System.in);
    while (true) {
        System.out.println("请输入要选择的排序方式：");
        System.out.println("1. 按学号排序");
        System.out.println("2. 按语文成绩排序");
        System.out.println("3. 按数学成绩排序");
        System.out.println("4. 按英语成绩排序");
        System.out.println("5. 按平均分排序");
        String c = sc.next();
        switch (c) {
        case "1":
            Collections.sort(array, new SortId());
            listAllStudent(array);
            break;
        case "2":
            Collections.sort(array, new SortChinese());
            listAllStudent(array);
            break;
        case "3":
            Collections.sort(array, new SortMath());
            listAllStudent(array);
            break;
        case "4":
            Collections.sort(array, new SortEnglish());
            listAllStudent(array);
            break;
        case "5":
            Collections.sort(array, new SortAverage());
            listAllStudent(array);
            break;
        default:
            System.out.println("输入错误，请重新输入！");
            break;
        }
```

```
            System.out.println("如果要继续排序请输入 b，如果要退出请输入 q");
            c = sc.next();
            if (c.equals("q"))
                break;
            }
        }
    }
```

9.9 主界面模块

程序运行后显示主界面，在主界面中可以选择要执行的操作：查看学生信息、添加学生信息、删除学生信息、修改学生信息、对学生排序、退出等。当用户输入选项时，用 switch 语句实现功能的选择。

为了能多次操作并且手动退出系统，通过 do-while 循环实现。另外，创建存储学生信息的集合对象 ArrayList。

```
//主界面功能
public static void main(String[] args) {
    // 创建集合对象，用于存储学生信息
    ArrayList<Student> array = new ArrayList<Student>();
    // 为了让程序能够回到这里，我们使用循环
    Scanner sc = new Scanner(System.in);
    String choice = "";
    do {
        //学生成绩管理系统的主界面
        System.out.println("--------欢迎来到学生成绩管理系统--------");
        System.out.println("1. 查看学生信息");
        System.out.println("2. 添加学生信息");
        System.out.println("3. 删除学生信息");
        System.out.println("4. 修改学生信息");
        System.out.println("5. 对学生排序");
        System.out.println("6. 退出");
        System.out.println("请输入你的选择：");
        // 通过键盘输入要执行的操作
        choice = sc.next();
        // 用 switch 语句实现选择
        switch (choice) {
        case "1":
            // 查看学生信息
            listAllStudent(array);
            break;
        case "2":
            // 添加学生信息
            addStudent(array);
            break;
        case "3":
            // 删除学生信息
            deleteStudent(array);
            break;
```

```
        case "4":
            // 修改学生信息
            updateStudent(array);
            break;
        case "5":
            // 对学生排序
            sortStudent(array);
            break;
        case "6":
            System.out.println("谢谢你的使用");
            System.exit(0); // 退出 Java 虚拟机
        default:
            System.out.println("请输入正确的数字! ");
            break;
        }

    } while (!choice.equals("6"));
}
```

【运行结果】

运行主界面：

```
--------欢迎来到学生成绩管理系统--------
1. 查看学生信息
2. 添加学生信息
3. 删除学生信息
4. 修改学生信息
5. 对学生排序
6. 退出
请输入你的选择：
```

当用户输入“2”时，进入添加学生信息模块：

```
请输入学生学号：
1001
请输入学生姓名：
张三
请输入学生性别：
男
请输入学生语文成绩：
45
请输入学生数学成绩：
89
请输入学生英语成绩：
60
添加学生成功!
如果要继续添加学生信息请输入 b，如果要退出请输入 q
b
请输入学生学号：
1003
请输入学生姓名：
李四
请输入学生性别：
```

```
男
请输入学生语文成绩:
80
请输入学生数学成绩:
70
请输入学生英语成绩:
90
添加学生成功!
如果要继续添加学生信息请输入 b，如果要退出请输入 q
q
```

当用户输入“1”时，进入查看学生信息模块：

```
学号    姓名    性别    语文    数学    英语    平均分
1001    张三    男      45      89      60      64
1003    李四    男      80      70      90      80
```

当用户输入“5”时，进入对学生排序模块：

```
请输入要选择的排序方式:
1. 按学号排序
2. 按语文成绩排序
3. 按数学成绩排序
4. 按英语成绩排序
5. 按平均分排序
```

当用户继续输入“5”时，执行按平均分排序的语句，显示结果如下：

```
学号    姓名    性别    语文    数学    英语    平均分
1003    李四    男      80      70      90      80
1001    张三    男      45      89      60      64
如果要继续排序请输入 b，如果要退出请输入 q
```

其他功能不再一一列举，当用户输入“6”时，退出系统。

```
谢谢你的使用
```

模块小结

本模块主要运用面向对象思想实现了一个学生成绩管理系统。系统中可以添加学生信息、修改学生信息、删除学生信息、查看学生信息，以及对学生按照学号、某科成绩或平均分进行排序。程序中主要涉及面向对象思想的应用和集合类 ArrayList 的应用。

通过本模块案例的实战，读者可以应用面向对象程序设计的思想来解决实际问题。在程序的编写、调试过程中，读者要做到遵循 Java 程序设计的语法规范，严格测试，提高开发效率；在保证程序满足用户需求的前提下，精益求精，设计更健壮、更实用的程序。